卓越陈列师实战丛书

林光涛 李 鑫 著

陈列规划

时尚零售业商品视觉管理及应用

VISUAL
MERCHANDISING

U0243673

化学工业出版社

·北京·

本书围绕陈列规划的空间、时间、商品、表达方式（陈列手法）、顾客五个关键因素展开，通过绘制大量可操作性极强的、实用的工具图表，直观展示有代表性的品牌分布在世界各地的店铺照片进行举例与说明，图文并茂地对每一个因素进行了分析与总结，进一步明确了陈列规划实际工作的核心内容和关键点。最后一章以操作性极强的整年十二个月的陈列规划实例对全书内容进行了系统归纳呈现。本书对如何通过VM（陈列规划）来推动品牌的商品经营绩效、大幅度提升店铺的零售额和利润有很好的指导意义。

本书个仅适合正在从事视觉陈列工作的从业者及与陈列工作相关的人员，如视觉总监、陈列经理、陈列主管、陈列督导、店铺经理等，同样也适合有相关需求的企业的集中培训及相关院校的师生学习使用。

图书在版编目（CIP）数据

陈列规划 / 林光涛，李鑫著 . -- 北京：化学工业出版社，2015.4 （2021.3重印）

（卓越陈列师实战丛书）

ISBN　978-7-122-23262-5

Ⅰ．①陈… Ⅱ．①林… ②李… Ⅲ．①服装－陈列设计 Ⅳ．① TS942.8

中国版本图书馆CIP数据核字（2015）第043923号

责任编辑：李彦芳　　　　　　　　　　装帧设计：知天下
责任校对：蒋　宇

出版发行：化学工业出版社（北京市东城区青年湖南街13号　　邮政编码100011）
印　　装：北京瑞禾彩色印刷有限公司
889mm×1194mm　1/16　印张11　字数220千字　　2021年3月北京第1版第8次印刷

购书咨询：010-64518888　　　　　　售后服务：010-64518899
网　　址：http://www.cip.com.cn
凡购买本书，如有缺损质量问题，本社销售中心负责调换。

定　　价：68.00元

序

　　新世纪以来，中国服装行业转型升级的步伐不断加快。在内需市场的拉动下，服装消费体现出全球化、个性化、多元化、品牌化的特征。一方面，衣着消费市场对品牌的需求日益增强；另一方面，国际品牌进入国内市场的速度逐步加快，服装自主品牌的发展面临巨大的机遇和挑战。

　　十八届三中全会把"满足人民群众对更美好生活的新期待"作为经济发展的重要落脚点，而服装产业作为大众审美与产业文明的重要载体，在全面建成更高水平的小康社会的过程中承担着重要的使命。过去十年，服装自主品牌在"质量、创新、快速反应和社会责任"四位一体方面取得长足进步，尤其是通过设计创新能力的提高，自主品牌的消费认知度明显增强。

　　一直以来，中国服装设计师协会致力于推动自主品牌的成长和服装人才队伍的提升，视觉营销也是其中的一个重要内容。服装作为情感消费的重要对象，单一的功能消费已不能满足更高层次的消费需求，所以消费者越来越关注消费体验，关注消费环境的氛围和视觉形象。因此，卖场的视觉形象是服装自主品牌发展中重要的环节。

　　从2005年开始，中国服装设计师协会就汇聚国内一批优秀视觉营销专家，率先在国内开设"陈列实战研修培训"，截至2013年年底，共举办46期高端陈列培训。2006年11月成立了中国服装设计师协会陈列委员会，使服装陈列师有了自己的组织。几年来，陈列委员会发挥自己的专业影响力，为众多的中国服装品牌进行咨询和培训，同时开设了陈列设计师专业资格考评，受到业界的好评。

　　本系列丛书就是中国服装设计师协会陈列委员会的一批国内优秀视觉营销专家几年来的研究成果。他们在这几年实际运用、教育和培训中积累了大量的经验和案例，在汲取国外先进的视觉营销管理体系和经验的同时，又加入符合中国国情的实践技巧和知识，形成了富有中国特色的理论和教育的视觉理论培训体系，使国内服装品牌能快速掌握和实施。

　　我们期待这套丛书的出版，能为走向纵深化发展的中国服装品牌带去更多的视觉营销理论体系和技巧，为中国服装业自主品牌的发展助一臂之力！

张庆辉

中国服装设计师协会副主席

前言

　　毕业后，选择视觉营销领域作为职业生涯的开始，给了我无处不在的锻炼机会，迷恋于一个视觉创意的诞生、一组零售数据的有趣分析、一种独特手法的表现……现在慢慢学会了享受这份工作。VM是一项理性分析和感性表达的职业，借用一个好朋友的话说，一位优秀的VM从业者应具备编剧的大脑——想象力，导演的思维——组织力，美术指导的审美——洞察力，摄影的技术——实战力，演员的演技——表现力，场记的脚步——奔波力，制片人的规划与协调——整合力……这是一个充满挑战与乐趣的职业，能激发一个人全面的职业潜能。

　　多次往返巴黎、东京，以接受系统的VM学习与实践，并有机会与优秀的同行进行深入交流，让我对VM工作有了更为全面的认识与理解。关于店铺陈列规划方面的付出与收获，一直以来想写一本系统且有独立知识结构的实用书籍，把自己十五年的陈列规划实地工作经验做一次全面的梳理与总结，以期与大家分享。我日常的工作模式不是在店铺现场，就是在去店铺现场的路上，没有整块的时间，一搁再搁，如今才总算拙著初就。

　　本书的结构是以陈列规划的空间、时间、商品、表达方式（陈列手法）、顾客这五个关键因素展开，对每一个关键因素进行了分析与总结，然后以全年十二个月VM计划实例做整体的归纳。通过绘制大量实用的工具图表，收集全球有代表性的品牌店铺照片进行举例与说明，进一步贴近陈列设计师的实际工作需要，书中作者的很多实践案例同样具有参考性。

　　本书的宗旨在于呈现有效的陈列规划工作，能提升品牌的店铺形象与零售业绩，使其适应市场客观环境，实现企业的经营目标。如今电商时代的开启与市场竞争空前的白热化，让顾客置身于一个不断变化、丰富的信息新世界，网络购物已成为当下主流的消费方式之一，传统零售业遇到了前所未有的竞争格局，在未来很长一段时间里，网络购物与实体零售两种业态会一直并存、优势互补。如何让顾客购物更方便、快捷？如何让店铺的顾客视觉体验进一步得到提升？如何让品牌拥有专属的视觉"标签"，都向陈列设计师的能力提出了挑战，但这也是全新的起点，让我们一起将陈列规划的工作价值发挥到极致。

2015年到来之前终于让此书成文，可以和大家见面，首先感谢本书的编辑李彦芳女士，对本书出版的大力支持，在写本书时曾和我说过："好书不怕晚"，让我倍感压力，也是动力。同时感谢李鑫女士对本书的完成做了很多的工作，本书大量精美的绘图便是出自她手，后期的校对也给我很多的建议。

这里要感谢中国服装设计师协会培训中心提供的广阔陈列资源平台，同时感谢培训中心老师和学员无私的知识分享，从事VM工作多年以来及本书的顺利出版得到了很多好朋友的支持与鼓励，感谢Davis、Yvonne、Zoe、周同、李玉杰、钱小丽、王懿、吴松、祝颖杰等,谢谢你们的信任。

最后感谢我的家人，是你们让我的生活如此精彩，充满了动力及希望。

林光涛

2014年11月16日于中国杭州

CONTENTS

目录

CONTENTS

第一章
陈列规划基础

第一节
陈列规划概述

一、陈列规划的定义

VM（Visual Merchandising）是视觉营销的简写，这个概念最初于20世纪70年代被美国零售行业提出，随后被引入欧洲、日韩和中国，由视觉效果和商品企划构成。

从字面意义可理解为视觉化的商品企划或商品战略，其意义在于商品开发及购买阶段计划以何种视觉方法向顾客提供商品，并加以实施的商品视觉整体规划。

当我们面临着商品同质化、均一化的市场环境，同行业所有的零售店铺展示的都是同一类或相似度很高的商品，于是不得不采取价格竞争来寻求市场空间及销售业绩，这样的结果直接导致公司利润的下降及品牌价值的流失。在这样的市场环境下，VM作为解决这个问题的重要对策之一而被导入，通过VM能确立商品和品牌的价值，通过寻找与竞争对手的差异化，从而提高顾客的购物体验，最终实现品牌的经营业绩。

VM在广义上是指一整套反映公司视觉营销发展的战略，从商品开发阶段开始导入，与商品销售、市场活动同步，及时地把信息传达给目标顾客的视觉管理系统。

VM在狭义上是一种视觉展示策略，以视觉展示为表现手法，对品牌商品在时间、空间、表达方式（陈列手法）上进行整体的规划，有效地传达商品价值给目标顾客，使其适应市场客观环境和达到品牌经营目标。这也是本书所指的陈列规划，是一种主动的营销形式，可以体现商品的整体销售思路，通过陈列设计师对店铺商品视觉的规划，有策略性地来引导顾客在店铺里进行购物活动。

从定义上可以看出，**陈列规划工作方法是视觉化手段，规划的对象是品牌的商品与顾客，规划的范畴则是时间、空间和表达方式（陈列手法）。**

二、陈列规划的五个关键因素

做好店铺的陈列规划，陈列设计师要考虑的因素很多，包括了品牌定位、营销策略、店铺商圈、顾客群体、空间规划、顾客动线与视线、商品结构、销售数据、陈列手法等众多因素。这些陈列因素可以归纳为五个方面，如图1-1所示，即时间、商品、空间、陈列手法、顾客。这五个方面我们称之为陈列规划五个关键因素。这五个关键的陈列规划因素，从点做到面很困难，如果从整体考虑，再把握各个关键因素，这样会比较容易达到所设定的陈列规划目标。

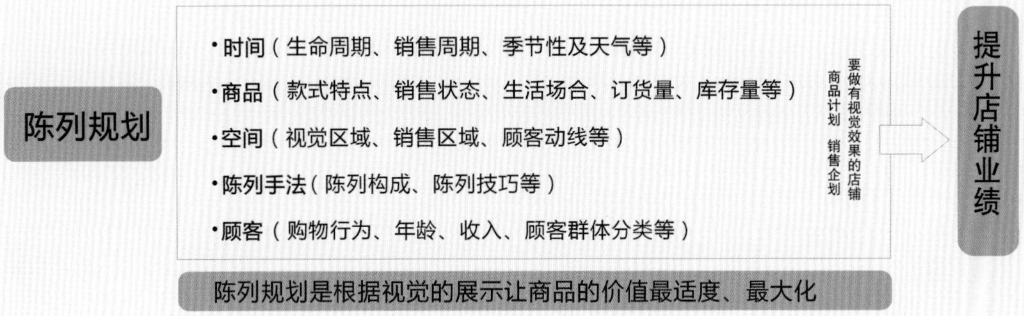

图1-1 陈列规划关键因素

从表1-1中很容易看出陈列规划是从时间、商品、空间、陈列手法、顾客五个主要方面入手来制定店铺陈列规划方案的。

表1-1 陈列规划关键因素说明

5W	关键因素	核心诉求	目标设定	如何执行
为谁（Who）	顾客	卖给谁	针对目标顾客	目标顾客和实际顾客的设定，在对年龄、兴趣、爱好、生活方式、购买动机、购买决定等因素进行分析的基础上明确目标顾客
什么（What）	商品	卖什么	展开商品及商品量	明确商品的主题，对所有商品进行选择，确定有效地展示商品及商品量
何时（When）	时间	什么时候开始展示	展示时间	考虑到季节、节日、促销活动、地区等，进行商品生命周期的分析，确定适当的时间为顾客展现商品
在哪（Where）	空间	在哪里展示	展示场所	分析商品生命周期和顾客的购物行为习惯（视线、动线等），确定商品更适合在店铺的哪个位置进行展示
如何（How）	陈列手法	怎么展示	展示方式	确定可以充分展现商品卖点、商品附加价值的陈列手法，选择适合主题的货架，模特、陈列道具以及色彩搭配等表现方法

表1-2和图1-2是Schizzo女装品牌针对夏季都市女性所设计的度假主题系列商品，通过在店铺主题区域的规划实例，从表1-2中可以看出时间、商品是不可以改变的因素，空间和表达方式则是陈列设计可调整的因素，顾客为不确定因素。

表1-2　店铺主题区域规划实例

5W	关键因素	目标设定	如何执行
为谁（Who）	顾客	针对目标顾客	针对盛夏度假的都市时尚女性，对时尚敏感，注重个人着装风格，年龄在25~35岁之间的顾客群体
什么（What）	商品	展开商品及商品量	以海边度假休闲风格商品为展示主推系列，主推单品以连衣裙为主，做整体搭配，商品以透气、舒适的棉麻为主。本系列商品数量为25个SKU
何时（When）	时间	展示时间	六月份的第二周
在哪（Where）	空间	展示场所	店铺的橱窗做海边度假场景设计，店铺主题区度假休闲风格主题商品全系列展开，主题区商品由展示台、中岛架、模特组及靠墙货架有层次的组成。展示的商品品类丰富、主推搭配及商品明确
如何（How）	陈列手法	展示方式	商品的色彩及图案作为卖点，模特组做系列商品出样和完整搭配。橱窗、主题区、PP空间的商品形成呼应做展示，营造度假商品的整体氛围

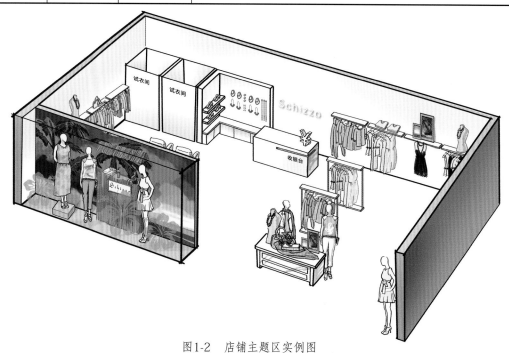

图1-2　店铺主题区实例图

陈列设计师需要对商品、时间、空间、陈列手法、顾客五个关键因素进行分析，找到最有价值的信息进行分类，成为陈列规划时的参考。将这五个关键因素进行如下分解。

1.不可变因素

（1）与商品有关的不可变因素：款式、面料、颜色、尺码、价格、搭配方式、穿着场合、销售状态、订货量、库存量等。

（2）与时间有关的不可变因素：商品生命周期、商品销售周期、季节性及天气等。

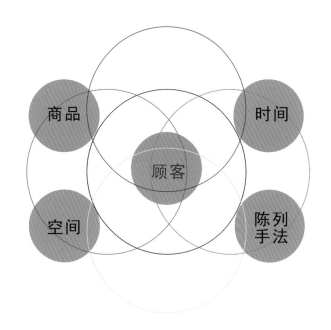

图1-3　陈列规划五个关键要素关系图

2.可变因素

（1）与空间有关的可变因素：空间功能区域划分、视觉效果区域划分、销售业绩区域划分、顾客动线及视线等。

（2）与陈列手法有关的可变因素：陈列构成、陈列技巧等。

3.不确定因素

与顾客有关的不确定因素：顾客群体年龄、收入、购物行为、宗教信仰等。

将商品、时间、空间、陈列手法、顾客五个关键因素所包含的信息进行分类后，可以发现它们之间有相辅相成及环环相扣的关系，任何一个因素的变动都会制衡到其他因素。我们还可以从图1-3中看出陈列规划五个关键因素是以顾客为中心对象，以展示空间为平台，在合适的时间运用有效的陈列手法为顾客展示合适的商品，从而传达品牌信息及商品价值，最终实现店铺的经营业绩。

例如，品牌当季主推系列商品在商品刚上市时应规划在店铺最佳视觉展示区域，运用最有效的陈列手法（如模特群组出样、重复展示等），进行整体的视觉展示，以达到销售价值最大化。如果不是当季的主推系列商品，即使在刚上市的阶段，也不会展示在店铺空间的最有价值的展示区域。

陈列设计师在做陈列规划工作时需对五个关键因素进行综合判断与整合，这五个方面存在客观因素，但陈列设计师却可以发挥主观能动性，结合商品及销售计划等信息，把商品陈列规划的有效性进行到底。综上所述，陈列规划的价值基于个性独立的品牌，不断变化的市场，不断更新的商品以及丰繁多态的信息传达上。

三、陈列规划的作用

1.使商品快速销售，以实现其商业价值为最终目的

陈列规划是一种商业行为，陈列设计师在做陈列规划时，必须站在商品销售的角度考虑，以营运数据为基础，在现有条件下将商品进行合理的规划，满足审美的同时也满足顾客各方面的需要，以达到审美和销售二者间的平衡。这样商品才可能更容易地进行销售，陈列规划最终还是为了实现商业的目的。例如，处于成熟期销售较好的商品系列，我们规划在店铺销售较好的区域进行整体展示，可能会选择在店铺主题区或是靠近试衣间的区域，以提高顾客的试穿率及成交率。

2.为了让顾客更容易理解、认同并接受商品

陈列规划是在合适的时间、合适的空间，用合适的陈列手法展示合适的商品，以便于为目标顾客传达有效商品信息的商业行为。商品规划具有一定的逻辑性（大到商品分类、布局等，小到商品搭配组合、色彩构成等），能让顾客对商品的价值所在一目了然。例如，同主题风格的商品出现在同一区域内，商品进行合理的搭配组合。只有顾客看懂了，才可能接受商品主题、搭配方式及商品的本身。

3.为了更好地提升商品的价值

通过陈列时间规划可以让商品更快速地销售；运用合适的陈列手法可以让商品更具价值感，比如高货值商品出样会作整体的组合搭配展示，来突出高货值商品的价值感；把商品展示在视觉价值较高的区域空间里可以更容易引起顾客的关注，从而产生购买行为。这些都是陈列规划带来能提升商品价值感的方法，最终让顾客感觉物有所值。

陈列规划工作是一项动态工作，当陈列设计师面对竞争品牌、流行时尚等市场环境的变化，商品内容的变化，店铺改造、整修等店铺空间的变化，检查、考核等例行的店铺陈列维护改进时都要进行店铺陈列规划相关的工作。只有明确陈列规划为什么而进行时，才有可能通过陈列规划做好目标信息的有效传达。

第二节
陈列规划流程

陈列规划流程是指在店铺陈列规划工作中通过信息的收集、分析、传达（执行）及反馈形成一套标准化的工作步骤，能保证陈列规划工作的规范化与持续性，同时使陈列设计师能清楚地知道工作的关键节点及目标方向。在日常陈列规划工作中根据流程的执行以提高工作成效，来快速应对市场与顾客的需求，对店铺经营业绩的推动做到最大化。

一、陈列规划流程分解

陈列规划流程分解的具体内容见表1-3。

表1-3　陈列规划流程分解

步骤	项目概述	主要执行项目
Step1	市场现状及顾客分析	1.市场现状及商圈特点
		2.时尚趋势和目标顾客需求分析
		3.竞争品牌的情报
Step2	商品分析及调整	1.商品及营运数据的分析
		2.新品上市计划
		3.店铺商品结构的整合
Step3	销售计划及目标达成	1.销售趋势的分析
		2.销售计划及进度检视
		3.商品销售重点的设定

步骤	项目概述	主要执行项目
Step4	陈列规划的展开与执行	1.店铺级别定位
		2.店铺形态分析
		3.顾客动线与视线的确定
		4.店铺货架组合与排列
		5.店铺区域划分
		6.店铺商品整理及布局
		7.VP（Visual Presentation，演示空间）、PP（Poin of Sales Presentation，展示空间）、IP（Item Presentation，陈列空间）的展开
		8.执行品牌的陈列标准及指引
Step5	陈列规划成效的评估	1.周陈列分析制度
		2.陈列的维护及执行评估
		3.下周陈列计划的制订

二、陈列规划流程任务说明

1.市场现状及顾客分析

陈列规划工作的有效展开，首先要对市场现状进行分析，了解商圈的特点和顾客群体的构成，不同商圈业态的定位会决定不同顾客群体的构成，据此可以掌握顾客群体的购买力及购物习惯。最后还应对竞争品牌的信息进行收集，有针对性地分析与总结，找到本品牌的优劣势来制定有竞争力的陈列规划策略。

2.商品分析及调整

在进行商品分析时，首先应从商品数据入手，通过零售软件系统平台对商品的订货数据、销售数据、库存数据及营运数据进行整体的分析，根据数据来发现问题、分析问题及解决问题。其次，对店铺整体的商品结构进行梳理，并了解新商品的上市计划，与店铺负责人一起找出主推系列、主推搭配及主力单品。

3.销售计划及目标达成

对店铺销售计划及目标达成情况进行分析，找出店铺与陈列相关的销售问题点。根据当下的销售趋势，分析目标顾客群体的购物行为及实际需求，并结合当下的季节性及天气变化，与店铺负责人一起讨论当下店铺重点销售商品的展示及推广计划。

4.陈列规划的展开与执行

陈列规划的展开与执行是陈列规划的核心步骤。首先，明确店铺定位后，应对店铺的结构形态特点、顾客的动线及货架的类型进行综合分析，绘画出店铺平面图、顾客动线及货架的排列组合。其次，对店铺的区域进行划分，确定主题区、销售热区及冷区，让VP/PP/IP在店铺空间有序地展开。最后，执行品牌的陈列标准及当季的陈列指引，进行现场陈列工作。

5.陈列规划成效的评估

陈列规划工作的评估可以通过陈列报告与周陈列分析制度来体现的，通过评估能掌握陈列规划工作对销售推动的成效。例如，可以通过进店率、试穿率、客单数等关键数据的陈列前后对比来说明。当然店铺陈列评估也是为下一次陈列规划工作提供有力的依据。

陈列规划是一个信息分析的处理过程，同时也是一个信息传达的执行过程。陈列规划不仅仅运用视觉的陈列手法将商品和品牌形象串联起来，更是结合了市场、顾客、商品和销售的统一性，缺失了任何一方面都无法实现陈列信息传达的价值和成效。

上述的陈列规划流程，正是基于这几方面因素进行综合考量，涵盖了店铺现场陈列规划的作业项目，但这并非是一成不变的，陈列设计师可以根据所服务公司或品牌的经营战略、陈列管理策略及方便有效的原则自行选择和定义陈列规划流程。

第一节
店铺空间构成

    如何吸引顾客进入店铺？如何让顾客在店铺中停留并触摸商品？如何让顾客选择商品更加方便？店铺展示空间规划时，通常会面临着这些关键问题，而且有时候这些问题并不是单一存在的，需要陈列设计师用整体性的思维全方位解决。依据日本VM体系而言，店铺视觉展示空间主要由VP（Visual Presentation，演示空间）、PP（Poin of Sales Presentation，展示空间）、IP（Item Presentation，陈列空间）三大空间形态构成，通常也会称为展示空间、促销空间和商品选择空间（图2-1）。这三大空间在店铺规划中担当着不同的功能任务，能带给顾客不同的消费体验，很多VM相关书籍都对VP、PP、IP三大空间形态作了大量的阐述，本书从顾客的购物行为表现来解读VP、PP、IP的三大空间形态对顾客的影响与作用（表2-1）。

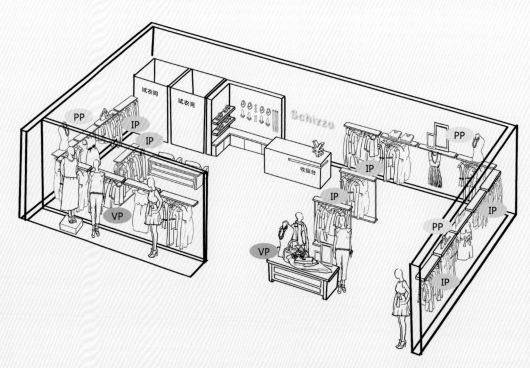

图2-1　店铺VP、PP、IP空间构成图

表2-1 店铺三大展示空间与顾客购买行为

顾客消费常规障碍因素	VM功能策略	顾客购买行为
这是哪个品牌？它主要卖什么？我是不是可以进去看看？	VP+PP	关注
这里有没有我喜欢的风格和款式？	PP	兴趣和需求
有没有我喜欢的、适合我的颜色？	PP+IP	浏览和选择
有没有我能试穿的尺码？	IP	试穿
有没有可以搭配的衣服、配饰？	PP+IP	延续选择
衣服多少钱？有没有折扣？	POP	确认价格

一、VP空间规划

1.VP空间展示的内容

VP（Visual Presentation）是店铺视觉展示效果最为重要的位置，常常是顾客视线最先到达的区域，需要设计主题性、故事性的整体展示。会在某一时间节点围绕展开的话题和题材，进行传递销售主题、市场推广主题、流行趋势、生活方式、品牌文化等信息，来取得顾客的认同，从而产生情感上的共鸣，同时给予顾客充足的想象空间，通过有效的展示来诱导顾客进店并进行购买。

图2-2是Ralph Lauren（拉尔夫·劳伦）的夏季度假主题橱窗陈列，橱窗作为VP空间载体进行展示比较常见，一般情况下顾客习惯性浏览橱窗再进入店铺,橱窗作为"窗口"，让品牌与顾客进行最直接的沟通，向顾客传达品牌文化、商品主题，甚至可以为顾客提供一种新的生活方式。

图2-2 Ralph Lauren（拉尔夫·劳伦）店铺的橱窗VP区域

图2-3　店铺展示台的VP区域

图2-4　店铺内部设置的VP区域

2.VP空间展示的位置

　　通常在橱窗、店铺入口等空间进行VP展示，VP商业表现形式主要包括品牌形象、广告形象、促销活动形象和主题创意设计等。在商品展示的选择上风格要明确，会选择新商品、主题商品、话题商品、广告商品等。

3. VP空间展示的载体

　　VP空间展示的载体一般为橱窗、展示台等。

　　图2-3在店铺展示台通过当季商品主题的整体出样，告知顾客在某一段时间内某品类商品的流行风格、色彩、款式等，为顾客购买过程进行引导和说明。

　　为吸引顾客驻足观看并延长其店内逗留的时间，店铺内部也同样设VP区域。图2-4是巴黎Boulevard Haussmann的Benetton（贝纳通）店铺，这家店铺在店内顾客通道的交汇处设置了VP空间，以模特为视觉重点进行整体的展示，货架上为顾客提供其他几种搭配建议，与配饰包的展示桌形成稳定的三角构成，黑色地台不仅可以使展示的商品更为突出且有层次感，同时也巧妙地划分了展示区域与公共区域。

二、PP空间规划

1.PP空间展示的定义和作用

　　PP（Poin of Sales Presentation）是店铺区域视觉效果最强的展示点，也是商品规划的重点，是店铺各个区域的"标签"，为各货架内的商品分类进行明确的定义，起到展示本区域商品形象、引导销售的作用。我们选择使用各主推单品、关联商品，或具有代表性的商品，对店铺重点商品进行视觉推荐，陈列设计师要根据商品的组合分类情况，将商品中最具代表性的卖点，通过与关联商品的共同展示而显示出更大的视觉效应。在店铺同一空间、同一时间内会规划多个PP陈列，来引导顾客在店铺的行走路线。

图2-5展示的店铺PP空间规划可以左右顾客的行走方向，图中通过不同姿态的模特在店铺不同空间的展示，给顾客制造了不同的视觉点。当顾客在店内行走时，往往会被这些生动的PP陈列吸引，进而对商品产生兴趣及欲望。

2.PP空间展示的规划原则

PP是顾客在店铺驻足时间最长和触摸率最高的展示空间，要遵循就近原则及主动试穿原则，所以陈列设计师要在突出商品的魅力上下工夫。例如，通过模特组的生动出样，来有效吸引顾客中进行引导与促进销售。

图2-6通常情况下店铺会设置多处PP规划，不同的PP在功能及作用上有所不同，图中区域入口展示台上的两个组合模特，构成的PP陈列是这个区域的视觉重点

图2-5 店铺的PP规划可以左右顾客的行走方向

图2-6 店铺区域空间的PP规划

15

之一，这个高度的PP陈列不是为了让顾客触摸，而是从远处就能吸引顾客进入该区域。而靠后另一个展示台上的坐模，与顾客互动性更强，商品的触摸与试穿概率可能更高，更有利于商品的销售。

图2-7　东京Pucci店铺的PP规划

图2-8　台北Burberry（巴宝莉）店铺PP规划

3.PP空间展示的载体

PP空间展示载体一般为模特、货架等。

图2-7是东京PUCCI店铺PP规划通过模特完整的搭配出样，来提高顾客触摸和试穿的概率。主推的商品与边上的侧挂商品为同一系列，并遵循了商品陈列的就近原则及主动试穿原则。

虽然同VP一样，PP也是利用模特进行展示，但更强调商品本身的搭配和组合，而VP更强传达主题的故事性。

图2-8是台北Burberry（巴宝莉）店铺的PP规划。店铺的PP规划有序地展开，展示台优雅的坐模是店铺入口的第一视觉点，模特着装是当下店铺的主推商品，边上靠墙货架侧挂的同系列商品，说明了SKU（Stock Keeping Unit，最小存货单位）有较好的广度与宽度（商品的广度、宽度及深度的定义说明，请见本书第四章图4-24商品三维度示意图）。而中后场的两组模特则是吸引顾客行进方向的视觉重点。

三、IP空间规划

1.IP的定义

IP（Item Presentation）泛指店内单品陈列空间，根据某种标准进行分类的单品陈列规划，主要为满足顾客试穿或购买所需要某件商品的容量陈列。IP占据了店铺的大部分区域，是店铺空间非常重要的组成部分。

2.IP的展示原则

IP与PP关联，一般包括PP展示的商品，为PP展示同系列完整的商品内容，方便顾客选择。IP能提供完整的商品款、色、尺码等，也就是我们通常所说的陈列就近展示原则。为此，统一标准和方便顾客中购买是IP空间陈列规划的重点。

图2-9为Maxmara店铺IP空间的一组侧挂商品，陈列时应能搭配出多种的穿衣组合，而且前后的商品有着必然的故事联系，当顾客在挑选某件商品的时候，边上侧挂商品能提供更多的搭配选择。

图2-9　Maxmara店铺的IP规划

图2-10　东京银座Uniqlo(优衣库)店铺的IP规划

3.IP的展示载体

IP展示空间的载体一般为货架、展示台等。

图2-10展示的是东京银座Uniqlo（优衣库）商品按单品品类划分，在展示台IP空间主推T恤单品，按不同的图案依次展开，给予顾客更多的选择，并通过PP不同模特出样与下面IP叠装单品相关联，来吸引顾客并作展示台IP商品群的定义说明。

图2-11东京银座Gap（盖璞）店铺，店内IP根据某种标准进行分类后，使顾客对商品群更容易理解与选择，同时也作为容量空间，让商品拥有较好的SKU深度。

图2-11　东京银座Gap(盖璞)店铺的IP规划

四、VP、PP、IP规划的关系

VP、PP、IP就好比一篇报纸文章的大标题、副标题和正文，在一个版面空间内各司其职。大标题是一篇文章的核心和主题的概括，其特点是字句简明、美观醒目，版面上那些赫然入目的大字标题，常常令人为之一震，吸引读者；副标题承上启下，起到加以补充、说明的作用；正文思路清晰，信息饱满，让读者有耐心读下去。一篇主题性很强的文章，只有经过整体的规划与编排，才能给读者强烈的视觉冲击和完整的内容体现，起到良好的信息传播效果。

图2-12是巴黎Paule ka店铺布局简洁并有次序的陈列规划，VP、PP、IP各司其职，橱窗个性十足的群组模特是展示当下的主推系列商品。店铺入口的站模姿态，充满了趣味性与新鲜感，很容易捕捉顾客的注意力，吸引目光，边上开放式的货架非常利于顾客对商品的选择；在店铺后场的两个站模则是吸引顾客进入店铺后场的视觉点，以增加顾客在店铺停留的时间。显然，做为陈列设计师出身的Paule ka品牌创始人Serge Cajfinger对店铺整体视觉规划有着自己独到的理解。

VP、PP、IP在一个店铺展示空间内，VP主题明确、信息简练能第一时间吸引顾客关注，PP能制造区域的视觉点，进行引导顾客。IP的规划则让顾客在浏览商品时，分类清晰并有多样化的选择。陈列设计师只有做好这三大空间的整体规划，才会是一个生动的店铺，进而提升顾客进店率、成交率及件单价等（图2-13、图2-14）。

图2-12　巴黎Paule ka店铺布局简洁并有次序的规划

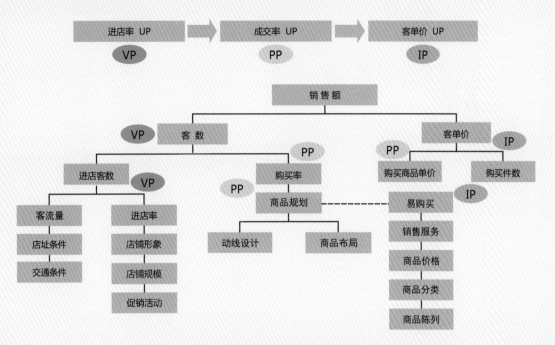

图2-13　VP-PP-IP和销售额之间关系图

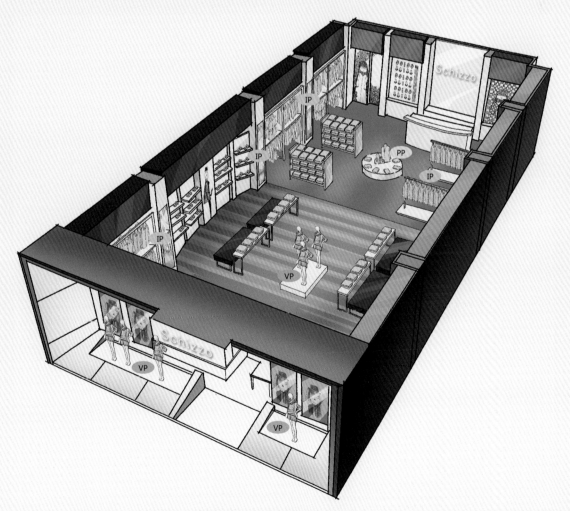

图2-14　VP、PP、IP空间透视图

第二节
顾客动线规划

顾客动线，顾名思义就是顾客在店铺内的行走路线。顾客动线规划是以顾客的购买规律为基础，通过对顾客购物行为习惯和数据的有效分析，进行科学合理的空间规划，从而引导顾客在所设想的路线上行走。

有效的动线规划，以创造舒适的购物环境为前提，能增加店铺销售热区，减少销售冷区（死角），可以进一步延长顾客在店内的停留时间，顾客在店内的停留时间越长越可能激发顾客的购物欲望，实现卖场人效、平效的提升，从而最大化地创造销售业绩。

一、顾客购物行为分析

顾客在购物的时候，让商品展示在顾客的行进路线上和视线范围内，使他们进入店铺后按照动线规划的思路一步一步地把所有区域逛遍，并愉悦地享受整个体验过程。最终做到让顾客易看、易懂、易进入及易选择。在规划动线时首先要从了解人体工程学做开始，读懂顾客的眼睛视角、货架高度及与商品距离三者之间的关系。

1.顾客视角分析

图2-15中说明顾客在距商品180cm以外的远处可以清楚看到250cm左右较高位置的区域，而在90cm以内的近距离视线会随之下降到视平线高度范围。

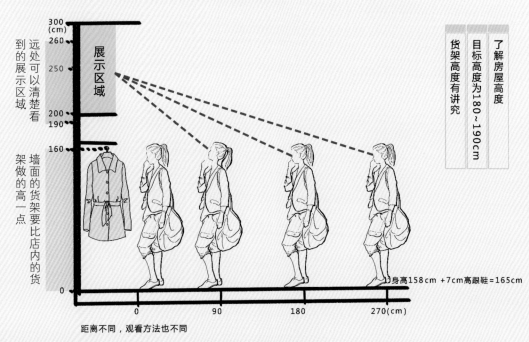

图2-15　顾客视角示意图

2.顾客拿取商品方便性分析

图2-17清楚地表示出身体拿取方便的高度在60~160cm，其中80cm到120cm则为最佳的黄金区域。根据这两个习惯范围，可以将200cm以上的位置做为展示区域来吸引远处顾客走近；160cm左右视平线高度可以作为有效陈列空间，方便顾客触摸、比较、挑选、试穿；低于30cm的位置不易观看，甚至需要蹲下才能触摸到，最好用来展示鞋、包等配件商品，对于面积较小的店铺也可以直接作为储货区域来减小库房压力。

店铺内部货架根据使用功能不同从外向内逐渐增高，外侧的货架不能完全阻挡顾客向内观看的视线。如图2-16中所示，店铺最外侧为展示台进行VP、PP展示，依次向店铺内部增加中岛IP货架展示，直到最内侧墙面的IP展示，顾客站在店外可以看到内部每一层次空间所展示的商品。

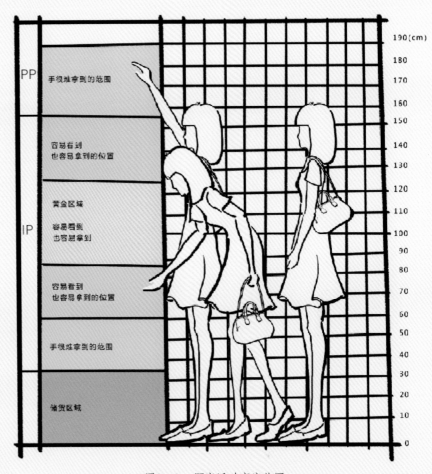

图2-16　顾客活动高度范围

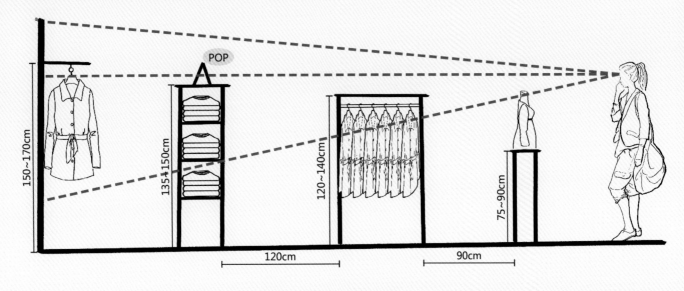

图2-17　顾客视角立体布局

3.顾客视线活动分析

其实顾客在店内中很少会驻足浏览商品，常常是顺时针或逆时针行走，眼睛以扇形展开，顾客的视线常随着距离不同而变化，在这种情形时，视线习惯性进行水平浏览居多，较少往上或往下看。当顾客与购物同伴边说边走等情形时，就更加无法专心浏览商品，若对商品有兴趣，但眼睛的焦点却不在商品上，那么眼睛无法很清楚鲜明地摄取到商品，所以陈列设计师不但要注意顾客的视线范围，还要考虑顾客身高及其在店内活动的状态。如图2-18所示，做动线规划时，陈列设计师需要关注顾客在店内行走时的视线变化，让视觉点发挥最大的价值。

图2-18 顾客视线图

二、顾客行动路线分析

人类的行动都会存在习惯性，一定程度上受到每个国家交通规则及生活行为习惯的影响。一般来说，多数人会选择更容易行走的方向和无所顾虑的空间，所以根据店铺空间的形态，必须合理划分空间。根据多年的顾客购物行为观察，发现无论哪种场合按顺时针行走的人会比较多，所以考虑到这一点，进行动线规划的目的是使顾客可以悠然地逛遍店铺。

根据长期观察，发现顾客在店铺里的行动路线并不是单一的，而是同时有多条动线的存在（如图2-19所示），特别是面积较大的店铺，只不过顾客通过率不同而已。图2-20是国内一类商场某时尚品牌300平方米的店铺，经过统计发现这家店铺有五条顾客的行走路线通过率最高。

通过顾客在店内行走路线统计出顾客的触摸点与试穿点，如图2-20所示，店铺里五条动线交错重叠率最高的三个区域的触摸率和试穿率最高，停留的时间最长。由此界定出店铺的区域视觉效果和业绩产出，如果做进一步分析，还可以计算出陈列空间的销售贡献额。

三、顾客动线规划——通道规划

1.通道规划的依据和目的

店铺动线规划服务的对象是人，所以店铺通道宽度的设计都要围绕人体工程

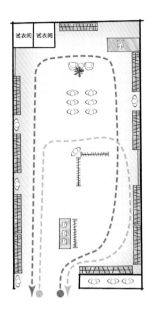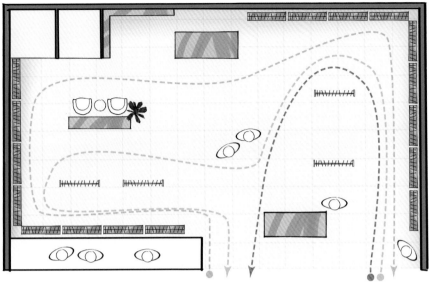

图2-19　顾客行动路线图

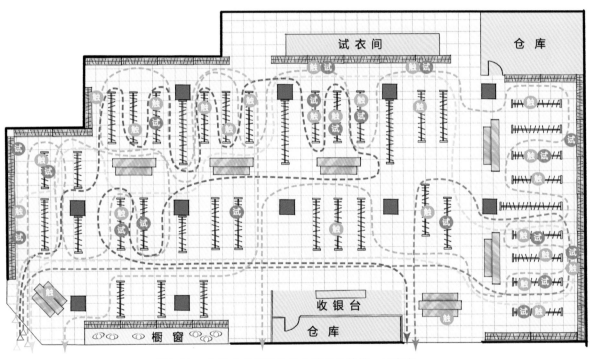

图2-20　店铺多条顾客的行走路线及触摸、试穿点

学来进行。在通道规划时顾客在店内可能的行走路线、浏览方式、选购动作都是规划之前所要分析和考虑的问题。在做主通道、副通道宽度设计时必须满足顾客的行走、挑选等基本购物行为，使顾客在感觉舒适而不拥挤的情况下，减缓其行走速度，延长其在店铺内的停留时间，最终增加顾客购买商品的行为。

在通常情况下如果店铺通道过宽，顾客与货架商品的互动性减弱，会降低顾客对商品的触摸概率。同样道理，如果通道过于狭窄，小于顾客在店铺内基本活动所需的空间，顾客行走的空间会变得拥挤，从而导致顾客加快行走速度，最终导致放弃浏览商品的机会。

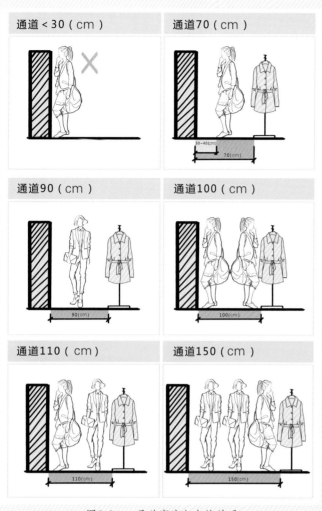

通道<30（cm） 通道70（cm）

通道90（cm） 通道100（cm）

通道110（cm） 通道150（cm）

图2-21　通道宽度与人的关系

2.通道规划的执行

　　店铺通道一般分为主通道和副通道，主通道、副通道是顾客和店员在店内主要的活动空间，主通道是引导顾客行动的主线，也是绝大部分顾客要通行的空间；副通道则是顾客在店内移动的辅助路线。根据成年人型特征及在店铺行走时的运动状态，店铺主通道、副通道尺寸值如图2-21所示。以亚洲女性平均身体尺寸为基础，以女性顾客为例，一般静态肩宽是40cm左右，如果行走加上手部摆动的幅度，此时活动宽度可达到60cm左右。据此店铺的单向客流通道宽度一般在90~120cm，最低可以保证一个人通过，当两个人同时通过时需要侧身相让，比较不方便。双向客流通道宽度一般在150~180cm（图2-22），两个人都可轻松并肩通过。

　　店铺主通道宽度一般在150~180cm，甚至更宽（图2-24）。最低可以保证2~3人擦肩通过。方便顾客进入店铺，如图2-23、图2-24所示。

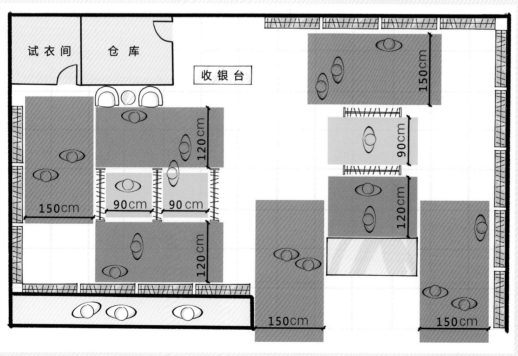

试衣间　仓库

收银台

150cm

90cm

120cm

150cm　90cm　90cm

120cm

120cm

150cm　　150cm

图2-22　店铺主通道宽度一般在150~180cm

图2-23　巴黎Rue Saint-Honoré的Lanvin（朗万）店铺直线型主通道设计

　　通常情况下店铺入口与出口都要让顾客一目了然，特别是入口规划时宽度要扩大，并保证整齐、清洁。从店铺入口到最内部要确保一条直的通道为主动线，并且在主动线上不应放置道具等遮挡顾客通道的物体，来引导顾客可以逛遍店铺全场。但店铺不能有过多的直线型通道，因为直线通道过于一目了然地看穿整个店铺，使顾客不用进入店铺便有了一种"就是这样了"的初步印象。特别需要说明的是店铺通道宽度设计时，品牌的定位、店铺的面积、货架的形态等都会影响到店铺通道宽度的设计，做通道宽度设计时要遵循人体工程学及顾客在店铺的行走情况，让顾客在舒适状态下完成购物活动。

图2-24　店铺直线型主通道的设计

图2-25　巴黎Avenue Montaigne的Dolce&Gabbana（杜嘉班纳）店铺照明1

图2-26　巴黎Avenue Montaigne的Dolce&Gabbana（杜嘉班纳）店铺照明2

四、顾客动线规划——灯光照明规划

1.灯光照明规划的作用

在商业店铺中，良好的灯光环境是提升顾客购物体验的重要因素，出色的灯光氛围是综合照明方式的合理运用，店铺随意或是过度使用照明设备会造成相反的效果。形式单一的照明，不仅会使顾客看不到重点，时间久了还会使人感到十分厌烦，店铺也就很难去讲述一个生动的商品故事。

图2-25、图2-26是巴黎Avenue Montaigne的Dolce&Gabbana（杜嘉班纳）店铺照明系统的设计，充满了奢华感，特别值得一提的是从二楼悬挂下来做装饰照明的水晶大吊灯成为整个一楼店铺灯光照明的视觉焦点。

2.灯光照明的方式

对应品牌定位、店铺级别等来设计店铺的照明系统，根据店铺中各区域功能的不同来采用不同类型的照明方式。照明方式主要分类为环境照明、重点照明、装饰照明。

（1）环境照明

环境照明是由基础照明进一步发展的，是对店铺空间环境进行照明的方式。伴随着顾客需求的多样化，如今店铺设计很重

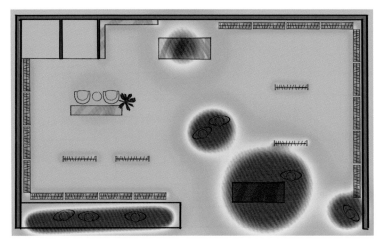

图2-27 店铺不同区域照度的倍率

视空间整体的氛围塑造，在照明系统设计开始，根据不同光的种类进行选择和运用，以渲染店铺印象的环境照明变得非常重要。环境照明一般表现在观看店铺整体的时候进入视线的天花板面或天花板附近的照明。

（2）重点照明（商品照明）

重点照明主要是指针对货架或模特等载体展示商品的照明方式。其目的是运用重点照明来强调商品的廓形、色彩、图案等，能确实地表现出商品的特性，让商品显得更有魅力，从而使商品的视觉能量最大限度地发挥。

（3）装饰照明

装饰照明主要是指营造店铺特殊灯光氛围的照明方式。店内追求日常生活中没有的、非日常灯光的表现，可以演绎出特殊灯光带来的愉悦感，或者是不同于日常的独特性表现。

3.店铺不同区域照明的倍率关系及组合

店铺照明设计不仅为了满足采光这一基本需求，区域商品的重点照明还可以引起顾客注意商品，诱导其行走的路线，使顾客对商品进行触摸与试穿。灯光氛围良好的店铺一定具有多种照明方式，是多层次的表现。根据不同照度级别，有一定照度比例的参考，假设店内基准照度为1，店铺入口处吸引顾客进店需要略高，采用基准照度的双倍的照度；橱窗和VP空间作为重点展示需要达到基准照度的3~4倍，甚至可以使用更为夸张的灯光做戏剧性的演绎，一般陈列区域为基准照度的1.5~2倍即可；收银区为了使顾客和店员双方都能清楚地核对金额，照度可以达到基准照度的2~3倍，如图2-27所示。

图2-28店铺运用不同灯光类型的组合，并且采取不同的照度，通过明暗的对比使整个店铺充满层次感，橱窗最高照度成为顾客第一视觉点，PP陈列的商品也因重点照明的衬托，变得更有魅力。

图2-28　组合照明增加了店铺灯光布局的层次感

4.照明灯具投射时应注意事项

感觉光照不舒服的时候
不舒服的光线，无法直视的光线，炫眼的光线被叫做"强光"
不能让强光刺进客人的眼睛
展示柜、日常摆设物、塑料模特、身上的涂料材质等反射的强光
都会影响顾客浏览正式商品

确认照明设备的位置与角度
检查射灯的照射角度
运用采光技术微调解除强光刺眼
射灯的位置与照射角度非常重要
即使使用LED照明也会因为入射角的失误
导致不能突出重要商品

来自光源的强光

检查灯光入射角

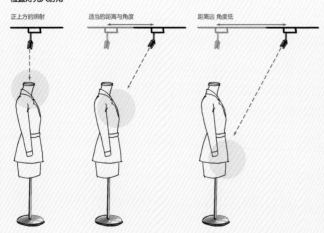

正上方的照射　　适当的距离与角度　　距离远 角度低

图2-29　灯光照明的集中区域

陈列调整后需要根据模特和商品的摆放位置调整灯光的入射角，如图2-29所示，光照在商品正上方会使商品上方局部闪耀，导致下方造成大面积阴影；射灯距离商品过远，照射角度向下，造成光照范围过低同样是无效的展示；而正确的灯光需要在适当的距离照射在模特商品的胸前，更加突出商品的立体感，吸引顾客视线。另外，金属展示台、展示柜的玻璃、塑料模特身上的亮光涂料等日常摆设物品的某些材质都会造成强光刺激顾客眼睛。

虽然店铺照明系统设计不属于陈列设计师的工作范畴，但后期的应用及维护调整却与其工作密不可分。照明应用的关键，不仅仅是让顾客看清楚物体的形态、颜色，还要为顾客感官提供舒适的愉悦感，从而改变顾客在店内的行走路线及购物情绪，整个店铺的购物环境都一定程度依赖于不同的光与

图2-30　Ralph Lauren（拉尔夫·劳伦）店铺灯光照明

影营造出来的氛围。如果整个店铺比作一个剧场舞台，那么商品就是各个角色，基础环境光可以使观众舒适地观看整场演出，还需要通过强烈的追光来吸引观众视线。良好的购物环境可以为顾客带来一种特殊的体验，所以在特定的环境中各自的品牌需要创造出独特、贴上自己品牌标签的灯光氛围。

　　图2-30为Ralph Lauren（拉尔夫·劳伦）店铺，顾客在店内购物时不但灯光使其视线舒适、烘托商品品质感，而且当试穿商品时在镜子里也能看到魅力十足的自己，充满了愉悦感（图2-31）。灯光不是一个店铺视觉空间的附加因素，应与整个店铺空间设计、陈列规划等成为一个整体。

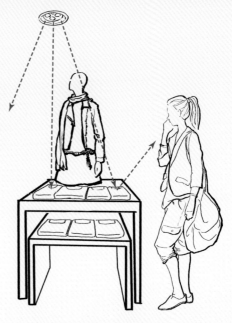

图2-31　灯光照明示意图

5.照明规划应综合考虑的因素

　　自荧光灯普及以来，各种空间照明都开始重视所谓照度，并在光亮程度上下工夫。但实际上，店内所必须考虑到的照明不仅仅包括像荧光灯那样对店内整体实施平均照射的"环境照明"，还包括舞台效果般突出表现商品及吸引顾客眼球并诱导其进店的"重点照明"。近年来，很多品牌在进行店铺装潢设计时，都会专程邀请专业照明公司的灯光设计师加入，协助解决专业性灯光布局的问题。灯光设计师根据品牌定位、空间设计、商品类型等因素，综合考虑然后建议不同性质的光源选择，因为不同光源的照度、辉度、色温度及显色性的差别，都会带给顾客不同的空间印象（图2-32）。

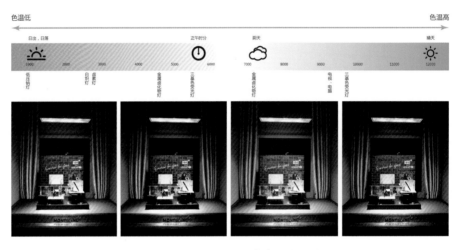

图2-32　人工照明及自然光色温度的对比

照明术语

1.光通量（光束）F

　　单位为流明（lumen、lm）。所有由光源发射而被人眼看见的辐射能称为光通量。

2.光强度 I

　　单位为坎德拉（candela、cd）。一般而言，光源向不同方向、放射出不同强度的光通量 F，特定方向可见到的辐射强度称为光强度 I。

3.照度 E

　　单位为勒克斯（lux、lx）。照度 E 是光通量与被照面的比值。1lux之照度为 1lumen之光通量均匀分布在面积为一平方米之区域。

4.辉度 L

　　单位为坎德拉 / 每平方米 [cd/m²]，光源或被照面的辉度，为人类大脑对亮度的强弱印象所发展的计量单位。

5.色温 K

　　单位为K（开尔文），是表示光源光色的尺度。

　　值得注意的是在店铺中，照明既可以很好的烘托商品，也可以"谋杀"商品。所以一旦照明手法出错，就很可能降低商品的价值，甚至完全破坏店铺氛围。人与昆虫具有一个最重要的相似点，都具有趋光性，容易被光亮所吸引，有时为了诱导顾客深入店铺，在地板上镶嵌LED灯，或向壁面投射照明装置，或在立柱背面设置间接照明，都具有非常显著的效果。

　　灯光照明类型与适用性可以归纳为表2-2。

表 2-2　灯光照明类型与适用性

照明目的	照明功能	适用条件	照明类型
顾客第一时间感知店铺的存在	1.通过空间照明设计传达店铺形象的个性 2.对第一商品印象的展示台、橱窗实施照明	渲染空间氛围，高效强光，低维护等特点，例如橱窗中心照度要求在10000lx以上，窄角度导轨射灯为主光源、阔角度嵌入式射灯以丰富层次	低压冷阴极管 高压霓虹灯 卤素灯 金属卤化灯等
诱导顾客进入店铺	1.对店铺形象墙面实施照明 2.所有照明没有刺眼的强光 3.营造适合店铺的灯光氛围环境	使用与店铺风格相匹配的照明用具，关注对光源色温的控制，平均照度达到500lx以上	荧光灯 钨丝灯 LED灯 卤素灯等
强调商品的特点以吸引顾客	1.可调整角度的重点照明用具实施 2.关注照明光线下商品色彩、光泽度、阴影等	足够合理的照度，可以更加完美地展示出商品的卖点，增强顾客的购买欲。商品的中心照度需要达到3000lx以上	卤素灯 LED灯 金属卤化灯等
顾客选择商品时能正确传达商品信息	1.顾客选择商品时，易判断与比较 2.顾客、店员可以相互看到对方的面部表情	让顾客视线感到舒适，又能直观地展示商品，平均照度需要达到500lx以上	荧光灯 钨丝灯 LED灯等
顾客购买商品时收银与包装	1.可以准备无误收银，迅速完成交易 2.顾客、店员可以相互看到对方的面部表情	如果环境照明无法获得，可设置局部照明，同时避开电脑反光。收银台平均照度1000lx以上	荧光灯 钨丝灯 卤素灯 LED灯等

6.不同品牌定位的灯光应用

不同品牌定位的灯光应用如图2-33所示。

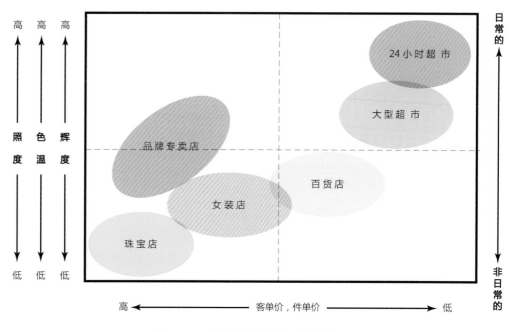

图2-33　不同品牌定位的灯光应用

图2-34　高奢品牌——纽约Dolce&Gabbana店铺

（1）高奢品牌的照明

高奢品牌店铺的照明设计一般采用低色温营造出暖色调的氛围，空间重点照明以强调商品本身质感为主，有时也会极具高级感的装饰灯光点缀，将成熟的品牌理念进行奢华感的演绎，以吸引顾客的目光，如图2-34所示。

图2-35 快时尚(高街)品牌——巴黎Avenue des Champs-Élysées的H&M店铺

图2-36 运动品牌——东京银座ADIDAS店铺

(2)快时尚品牌的照明

快时尚品牌的店铺照明设计,通过整体的灯光布局将购物氛围营造的轻松舒适。店铺灯光的显色指数较高(Ra80以上),与采用完全忠实的商品照明表现方法相比,快时尚服装有时候更强调商品的魅力性展示来体现商品的价值感,甚至有时会有一点戏剧性的效果。在快时尚品牌店铺灯光设计领域ZARA、H&M、A&F都其中的佼佼者,如图2-35所示。

(3)运动品牌的照明

运动品牌的店铺照明设计,一般会采用较高的色温,结合较高的照度,使店铺灯光氛围表现出简洁而明快的风格,同时也反映出目标顾客群体的青春与活力,如图2-36所示。

五、顾客动线规划——PP重点陈列规划

作为店铺各个区域的"标签",店铺空间PP重点陈列规划可以指引顾客的行走方向,通过制造视觉焦点,可以引起顾客第一时间对商品的关注,从而进行浏览和触摸。

在H&M店铺里很多展示台上都有完整的模特搭配(图2-37),其目的是指引顾客某种风格或主题系列商品所在的区域,可以让顾客快速寻找到自己所需要商品的风格与品类。

店铺PP设置必须能满足顾客易识别、易挑选、易试穿、易搭配四个最基本的条件,产生最佳的视觉效果促进最终的销售成交机会。一个好的陈列空间规划通常做

图2-37 H&M店铺里展示台上的模特搭配

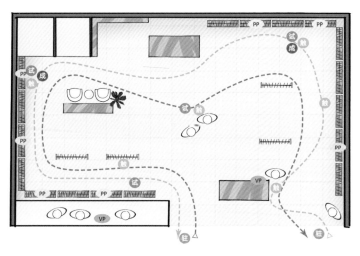

图2-38　卖场顾客动线及VP、PP布局图

一定数量的PP陈列（图2-38），不断地引导顾客在店铺内行走和浏览，以延长顾客进店的停留时间。通过店铺有效客流数据的统计，从而确定顾客在店铺最有价值的驻足点、触摸点、试穿点及成交点，来设置PP重点陈列。

图2-39所示的店铺区域的PP布局非常到位，一个极具张力的模特做为视觉焦点，吸引顾客进入该区域，后面两个靠墙货架的商品以相对对称的方式展开，且商品品类非常丰富，说明有足够的商品广度、宽度及深度。PP空间的半模或正面点挂大部分都能以搭配组合的形式出样，有利于现场连带销售。

图2-39　店铺区域的PP规划

图2-40展示的是巴黎Avenue des Champs-Élysées的Limited女装店一楼某区域，坐在靠墙货架上的模特与两个站模相映成趣，带给顾客充足的想象空间。

图2-40　巴黎Avenue des Champs-Élysées的LIMITED女装店

六、顾客动线规划——商品卖点规划

当顾客在店铺里行走时，出样商品本身的款式、颜色、图案、面料等方面都是极具竞争力的卖点，这些卖点也就是商品本身区别于其他商品的特点。顾客在店铺行走过程中，自然会被自己喜好的商品所吸引，近而产生触摸并试穿的欲望。

图2-41是东京银座Gap（盖璞）店铺，在秋季主推的男款彩色休闲裤系列，通过单品多种色彩的展示及对比手法，来吸引顾客的目光。

图2-41　东京银座Gap（盖璞）店铺

图2-42是巴黎CALLA女装店铺，五月份是短袖连衣裙刚上市的时间，商品展示于不同的货架载体，当季主推连衣裙图案清新、淡雅色调充满了魅力，诱导顾客去浏览并触摸自己所喜欢的商品。

图2-42　巴黎CALLA女装店铺

第三节
店铺形态构成及规划

不同的店铺形态有不同的构成特征，影响动线设计、货架规划、商品布局、顾客购物行为等。陈列设计师应学会解读不同形态店铺的空间结构，结合商圈业态、顾客群体、店铺定位、销售策略等因素进行整体性规划，符合市场客观环境和达成品牌的经营目标而努力。根据目前零售市场及常见的店铺类型我们把店铺形态分为商场店铺和商业街店铺两大类（图2-43），商场店铺又可分为商场中厅、边厅及商场店中店，商业街店铺也可分为单层专卖店、多层专卖店，专卖店又可细分为单一品牌和多品牌店铺。

图2-43　店铺形态基础分类

一、商场中厅构成特点及规划策略

通常情况下，在商场的楼层店铺规划中，都会保持一定比例的中厅形态店铺，在亚洲的日本及韩国百货业态中存在的比例更大。一方面保持商场空间整体规划的需要，如空间通透性、动线的规划、商场品牌结构的多样化等。另一方面中厅还可以增加商场的空间利用率，提高经营业绩。

在我们国内商场中厅一般具有如下的特点：面积多在20~40平方米之间，大多数不是独立的空间，有很强的通透性；店铺空间只能用隔断或货架来分割，并且隔断或货架高度约为135cm，没有背墙（但可能会有柱子），不能规划高货架组；中厅形态的店铺商品SKU出样数量及款式都会受店铺面积、货架数量及高度的限制。针对商场中厅的构成特点做整体陈列规划时要关注以下几点。

1.在主入口处对顾客视野进行一定控制

顾客对店铺的印象，无论是过于一目了然，还是遮挡过多，都会影响顾客的进店概率。适度展示才会引起顾客的兴趣，成为进店的契机。过于一目了然，就会给人一种"看尽一切"的印象；适度保留，才能使得顾客有种想进去看清楚的好奇心。根据中厅面积及货架高度等的特点，需要对店铺入口做一定的空间隔断

图2-44　店铺主入口构成规划

（可以选择模特组、展示台、中岛货架等组合隔断方法），通过店铺入口设置合理的视觉点，吸引顾客进店，当顾客进入店铺后，营造相对独立并具安全感的空间购物环境，轻松进行商品的浏览与选择。如图2-44所示，在店铺的主入口都运用展示台、中岛式货架与模特结合，对店铺视野进行了适当控制，同时也是店铺的主题区，同一系列商品作多层次地展开。

2.VP的设置或模特组的运用

中厅店铺受空间及货架高度的限制，需集中资源作店铺关键的视觉点布置，例如在店铺入口设置一个VP，提高关注度来吸引顾客进店。VP的构成可以运用模特、展示台、商品及辅助性道具等组成，创建生动的故事场景。如果VP没有足够的素材来讲述商品故事，可以通过模特组及周边货架进行商品系列出样，遵循陈列就近原则创造视觉效果最大化。作为中厅的陈列规划来说，日本与韩国的百货商场都有很出色的案例，如图2-45所示，这是东京银座伊势丹百货商场中厅的童装店铺，通过排列大量的模特群组，展示同一系列商品来规划VP空间。

图2-45　东京银座伊势丹百货商场中厅的童装店铺

3.商品最大SKU容量的规划

因为商场中厅面积不大，货架数量有限，商品的SKU总量受限制，一方面导致商品款式出样丰富度不够让顾客失去兴趣；另一方面缩短顾客在店内浏览商品的时间。所以在做商品规划时，首先要考虑店铺销售热区有主题系列商品（即当季主销的、最具竞争力的系列商品），在关注出样商品广度与深度的同时，要做出一定陈列面积的展开。其次，商品在货架陈列出样时，要做到品牌货架陈列标准最大的上限SKU数量要求，以增加商品的丰满度，给予顾客更大范围的挑选商品。

二、商场边厅构成特点及规划策略

边厅是商场楼层的主力店铺，对品牌知名度和销售额都有较高要求，面积一般在60~120平方米居多，拥有比较独立的店铺空间，能较好地展示品牌的整体形象，同时给予顾客更多自由的活动空间，使销售人员与顾客互动性更强。边厅的货架系统配置更灵活多样，给后期商品的陈列手法留下了表现空间。边厅灯光照明设计和商场中厅比起来条件更为充分（虽然也会受限制），能更好地规划区域或商品的重点照明。针对商场边厅的构成特点做整体陈列规划时要关注以下几点。

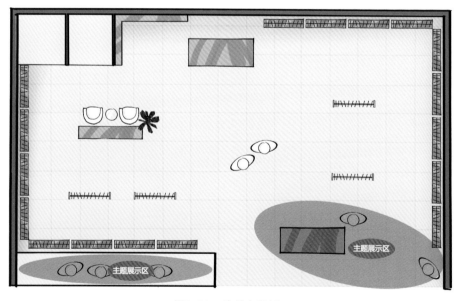

图2-46　店铺主题区

1.店铺主题区的规划

店铺主题区是指是顾客进入店铺时第一眼看到的区域，是顾客对品牌和店铺的第一印象，它向顾客介绍品牌理念、商品风格、流行趋势及当季主力商品等信息，并通过强烈的视觉展示手法来刺激顾客购买商品的欲望，是店铺最有影响力的区域之一（图2-46）。

完整的主题区一般由橱窗（通常情况下商场店中店较多有独立橱窗空间、边厅较少有独立橱窗）、展示台、模特组、中岛式货架、靠墙货架构成。一个陈列规划到位的主题区域具有以下两方面的特点。

（1）会讲故事的VP空间或橱窗

无论是哪种橱窗形式（开放式、封闭式、半封闭式）还是VP空间，在允许条件下，通过群组模特做商品系列性展示，辅助道具配合商品讲述故事，当然灯光的重点照明也必不可少。图2-47是MaxMara店铺的橱窗，展示的是春装同一系列商品，通过背景画面与边上绿色植物色调的对比来表现季节的交替。

图2-47　Maxmara店铺橱窗展示

（2）商品的主题风格一致

主题区陈列当季的主推系列商品、当季销售最好或是市场推广的系列商品。无论哪一商品系列，主题商品的品类及款式要保持一定的丰富度及多样性，并且有主推的搭配或单品。

如图2-48所示，Maxmara通过橱窗展示后，在店铺入口展示当季主推的系列商品，不同货架载体上作整体性的有序规划，主推的单品或搭配在PP空间依次展开。

图2-48　Maxmara主推的单品及PP空间

2.多种形式货架的组合

为了使店铺空间的层次感及多样化的陈列手法，店铺空间需要有多种形式货架的组合，如高低展示台、中岛式货架、靠墙货架等不同形式的组合。根据顾客在店铺的动线及视线作多种货架高低错落的空间摆放，以使顾客浏览商品时视觉上有变化。

图2-49是东京银座的 H&M店铺，店内货架布局通过高低展示台、中岛式货架、靠墙货架等不同形式组合，及模特群组出色的点缀，让整个店铺错落有致，非常生动。

图2-49　东京银座H&M店内货架布局

图2-50 Giorgio Armani(乔治·阿玛尼)店铺不同主题的商品分区规划

3.商品系列主题独立的陈列

每个主题系列商品采用独立分区，一方面是商品主题企划的需要，另一方面可使顾客在每个独立区域浏览同一系列商品，有利于第一时间判断和选择。在每个区域主题商品陈列规划时，以商品系列风格一致为前提，体现完整的主题色系，商品系列之间相互搭配，同时也要关注区域主推的搭配和最佳单品的出样。

图2-50是Giorgio Armani（乔治·阿玛尼）的店铺，不同主题的商品进行分区规划，靠墙货架的侧挂、模特着装与展示台的商品主题色系相呼应，构成一个独立的区域。

有了多种形式的货架作为载体，给后期的陈列手法留有多变的展示空间。首先针对店铺每个区域商品的卖点运用叠装、侧挂、正面点挂、模特等陈列形式。其次运用留白、群组、呼应、对比、节奏等陈列技巧，使整体空间布局协调、有重点且美观，为顾客创造多重的购物视觉体验。

图2-51是Ralph Lauren（拉尔夫·劳伦）女装店铺，不同陈列形式与技巧在不同陈列空间的运用，简洁明了，整洁有序。

图2-51　Ralph Lauren（拉尔夫·劳伦）女装店铺

从商场楼层的品牌结构及楼层品牌划分情况来看，几乎每个品牌在同一商场里甚至商场同一楼层都会有直接或间接的竞争品牌（商业街店铺也存在同样的竞争状况）。当商品的风格、价格带或店铺形象风格相似时，陈列设计师运用多样化的陈列手法做出与竞争品牌相差异的陈列规划。找出品牌（风格、知名度等），商品（卖点、色彩、价格等），店铺空间形象（面积、货架、模特等）的特点，通过多种陈列手法将优势发挥到视觉价值最大化。为品牌设计具有独特性的陈列手法是优秀陈列设计师的必备技能之一。

三、专卖店构成特点及规划策略

商场内的店铺要接受商场的管理要求与限制，而专卖店是完全独立的店铺形态，更具灵活性。专卖店的陈列规划方法与商场边厅的思路大致相同，但在橱窗空间的规划却存在一定的独特性。

橱窗的陈列规划是指陈列设计师在店铺现有的可利用资源条件下，站在全局角度作现场的陈列规划，而非橱窗的设计。现在绝大多数的专卖店都有橱窗空间，只有两种情况的专卖店没有橱窗空间，一种是店铺格局的限制，不能进行橱窗空间规划，另一种是应顾客群体的特殊需求，增强店铺隐蔽性，特意不设置橱窗。在集客力和购物氛围的营造方面，商业街专卖店与商场店铺相比有着明显的劣势。独立专卖店利用橱窗作为"窗口"吸引顾客关注来提高进店率，橱窗陈列应作为陈列规划的重点工作之一。随着时尚行业的不断发展，橱窗陈列已不仅仅是一种结构空间，而变成了一种表达形式。顾客可以通过浏览橱窗，轻松地了解品牌风格，商品类型，价格趋势以及流行时尚，甚至是社会文化等。针对橱窗分类的三种构成形式，站在整体规划的角度（非橱窗设计）橱窗空间可按如下思路进行。

图2-52　东京银座的"23区"女装店铺封闭式橱窗

图2-53　"23区"女装店铺入口左边的主题区域

1.封闭式橱窗陈列规划

（1）创建有故事性的氛围

通常情况下封闭式橱窗与店铺完全隔断，更容易营造氛围，能体现商品故事的完整性。陈列设计师对封闭式橱窗规划最好能有主题故事性，这样更容易激发顾客兴趣和想象力。图2-52是位于东京银座的"23区"女装店铺封闭式橱窗，做主题展示是秋季的商品系列。

（2）与橱窗后面区域商品保持同一系列

橱窗出样商品应陈列在店内明显的区域，遵循陈列就近原则，方便顾客被橱窗吸引而后走进店铺后可以快速寻找到该商品，从而进行触摸、试穿等之后的环节。图2-53是"23区"女装店铺入口左边的主题区域（图2-52封闭式橱窗的背面区域），陈列着与橱窗同系列的商品，在区域内的不同货架载体上进行全方位的展示，让顾客第一时间就能浏览与触摸橱窗看到感兴趣的商品。

（3）陈列辅助道具讲述商品的故事

封闭式橱窗规划时，如果有现成并适合品牌风格或当季商品主题的陈列道具，那么橱窗在展示过程中会更生动，内容更丰富。

图2-54 巴黎Gap（盖璞）店铺的模特组群

图2-55 巴黎Gap（盖璞）店铺的橱窗

2.半封闭式橱窗陈列规划

（1）第二视觉点的重点布置

半封闭式橱窗的半通透效果，一方面能兼顾橱窗的完整性，也可以展示店内部分区域，另一方面迎合顾客的"窥视"心理，大部分顾客在观看半封闭式橱窗时，会透过橱窗的开放背景来观看店铺内部区域，所以顾客在观看完前面橱窗后，店内区域顾客第二视觉点的布置就很重要。

图2-54是巴黎Avenue des Champs-Élysées的Gap(盖璞)店铺，半封闭式橱窗后面的顾客第二视觉点，以一个大面积的展示台作基础进行规划，通过模特群组及单品重复出样的手法，来展示当下销售的主力品。

（2）与橱窗后面区域商品保持同一系列（就近原则）

橱窗前后商品主题要一致，遵循陈列的就近原则，顾客浏览完橱窗后，进入店铺第一时间能触摸和试穿商品。图2-55是巴黎Avenue des Champs-Élysées的Gap(盖璞)店铺，半封闭式橱窗左边女装商品与后面第二视点商品相一致，为同一系列商品，前后商品的风格及色彩形成呼应关系。

（3）橱窗前后区域灯光都需有重点照明

除了橱窗区域的灯光需要一个较高的照度，内部顾客第二视觉点区域同样也需要较高的照度来塑造灯光氛围，吸引顾客的关注。

3.通透式橱窗陈列规划

（1）模特是橱窗视觉主导的位置

进行通透式橱窗规划时，因为没有背景层次很难造营一个场景，于是模特在橱窗中成了绝对的主角，当在顾客浏览通透式橱窗时，生动的模特展示成为了视觉重点。图2-56是巴黎Moschino（莫斯奇诺）店铺的通透式橱窗，右边的模特组是视觉的重点。

图2-56　巴黎Moschino（莫斯奇诺）店铺的通透式橱窗

图2-57　当季主推系列商品的整体展示

（2）与橱窗展示相同系列的商品进行区域规划

与橱窗展示相同系列的商品需要在橱窗后面的区域展开，以主题系列的商品进行一定陈列面积的展开，尽量保持商品的广度与宽度。如图2-57所示，与橱窗模特同系列的商品在后面的区域展开，货架第一件出样商品和右边模特身上商品一致，显而易见这是当季的主推单品之一。

（3）保持橱窗后面区域空间的整洁有序

因为橱窗的通透特性，顾客轻而易举就能看到店内空间，必须保持其整洁有序，这也是商品价值另一种形式的体现。

四、多层专卖店构成特点及规划策略

多层专卖店至少两层以上且面积在300平方米以上的形象店或旗舰店，无论从商圈位置、店铺面积、装修级别、商品结构及营运管理等方面都代表着品牌店铺最高级别的形象及零售管理水平。多层空间店铺陈列规划重点在于店铺全局的把控，规划出重点视觉区域，且能合理分配有限的资源。是对陈列设计师综合能力的挑战，也是一次跨部门团队合作的好机会。针对多层专卖店的构成特点做整体陈列规划时要关注以下几点。

1.商品明确区域划分

多层专卖店无论是多品牌还是单一品牌，应清晰地划分区域。在大面积的店铺空间购物，如果区域性不够清晰，一方面会减弱顾客对品牌或主题商品风格的辨识度，造成商品无差异化的错觉；另一方面顾客长时间在没有独立区域感的空间中浏览商品很容易视觉疲劳。多层区域空间布局时首先要保持每个区域空间的独立性，每个区域相对独立的空间内无论是在货架布局、商品规划还是陈列表现手法等方面应相呼应。其次在商品规划中要让区域与区域之间存在联系性，如快时尚品牌童装一般会陈列在一个楼层，商品区域先按性别划分，再按年龄层来划分（图2-58）。

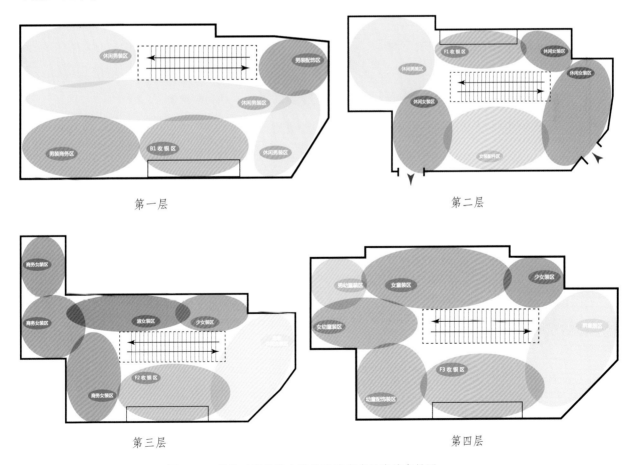

第一层　　　　　　　　　　　　　　　第二层

第三层　　　　　　　　　　　　　　　第四层

图2-58　某快时尚品牌上海淮海路店多层店铺布局图

图2-59　Adidas店铺楼层通道的公共空间主题规划

图2-60　Adidas店铺楼层通道的公共空间主题规划

图2-61　巴黎Kenzo多层店铺夏季的橱窗整体规划

2.店铺公共区域主题性规划

　　通常情况下多层专卖店在作空间设计的时候，楼层与楼层之间或是区域与区域之间规划出一定的公共区域，这些空间是店铺很重要的视觉点，陈列设计师要利用这些公共区域来做品牌概念的传达、区域主题商品风格的说明、销售信息的指引、顾客动线的引导等。主要通过VP的主题规划、PP的模特群组设置，甚至是品牌概念道具的展示等表现形式而存在（图2-59、图2-60）。

　　多层专卖店一般都有大型的橱窗空间或多个数量的橱窗。集中利用橱窗的空间资源进行整体性的主题规划，可以是同一风格季节主题、同一推广活动主题或是同一商品系列主题等，使其更具视觉效应。特别要注意的是，不同楼层的橱窗规划要充分考虑到顾客的视觉习惯，陈列设计师要提前确认店铺门前的客流方向及顾客进店动线等情况，然后去了解顾客视线从远至近，从高至低，从正面至侧面等信息。图2-61是巴黎Rue des Capucines上的kenzo多层店铺，这是2012年夏季的橱窗整体规划，通过色彩的强烈对比手法，视觉价值达到最大化。

五、卖场特殊形态分析及规划策略

1.狭长形的店铺特点及规划策略

狭长形的店铺，因空间狭窄、动线偏长，顾客可能不愿意进入后场，导致后场客流量偏少，直接影响销售额（图2-62）。

（1）店铺入口容易进入

店铺入口首先第一时间让顾客易于辨认，其次入口通道的宽度规划很重要，给顾客制造开阔的视觉。

（2）PP陈列引导顾客进入后场

店内首先需要规划一条直线型通道，让顾客容易进入后场，其次利用后场PP空间陈列并规划重点照明，吸引顾客注意。

（3）后场店铺进行适度空间留白

因店铺宽度不够，在后场要保持店铺的纵向空间有一定面积，给予顾客充足的活动空间，不要让其感觉太拥挤或太急促，不然会缩短顾客在店铺后场的逗留时间。

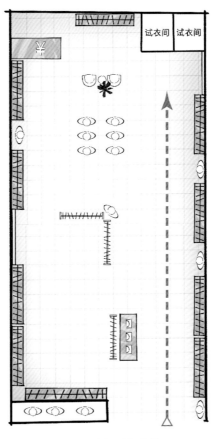

图2-62 狭长形的店铺

2.宽而浅的店铺特点及规划策略

宽而浅的卖场空间顾客很容易进入，但店铺进深偏浅，顾客逗留时间可能会偏短，不好留住顾客（图2-63）。

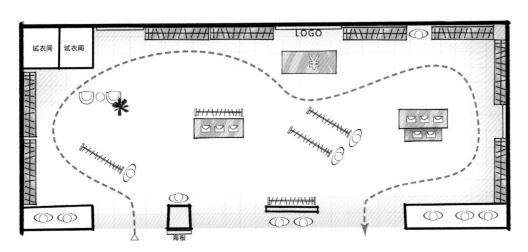

图2-63 宽浅形的店铺

（1）重点规划顾客进入的第一区域

因为店铺有较大的宽度，确认顾客进店的第一视觉区域后，需要分割一定的独立面积进行主题区域以引导顾客进入，然后才有逐渐逛遍其他区域的可能。

（2）空间区域主题性的陈列

宽而浅的店铺，为了增加顾客停留时间来浏览商品，需要让每个区域保持一定程度的独立性，无论是货架规划组合还是商品主题陈列。

（3）保持后场的顾客活动空间

店铺的后场需要规划一条有一定宽度的主动线，让顾客可以轻松在后场行走并浏览商品。

3.不规则的店铺特点及规划要点

不规则的店内空间易造成顾客视觉"盲点"（图2-64），导致客流死角的情况出现，影响该区域的销售业绩。不规则的店铺规划时最为重要的是如何让顾客有规则感。

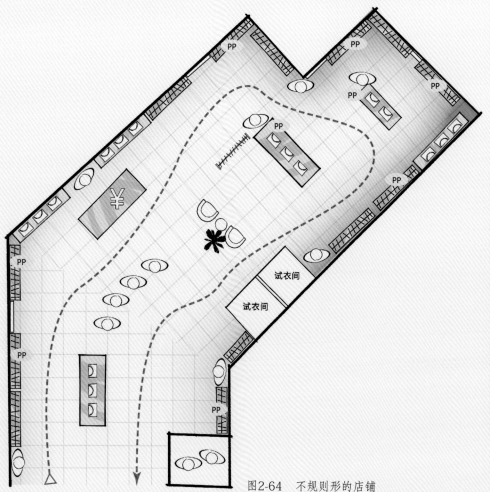

图2-64　不规则形的店铺

（1）移动货架在不规则空间的应用

除了靠墙货架，在不规则空间里可移动的中岛货架或展示台就起着非常重要的作用，移动货架顺着店铺的不规则结构形态平行摆放，以让顾客在空间行走时很顺畅。

（2）空间角落或拐角处PP的设置

不规则店铺存在一定空间角落和拐角处，陈列设计师需要对这两方面进行重点规划，通过PP重点展示规划来引导顾客进入，当然重点照明也是必不可少的。

第四节
店铺区域划分

一、单一依据的区域划分

　　合理的店铺分区能使不同系列的商品都展示在准确的区域，并使顾客易看、易懂、易选择并易产生销售业绩。店铺划分区域的分类方法有以下几种。

1.按基础功能分类

　　按基础功能分类，可以分为商品展示区、顾客休息区、试衣区、收银区（图2-65）。

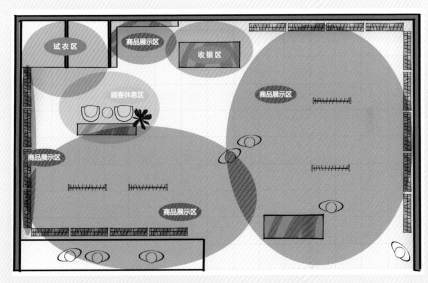

图2-65　按基础功能划分店铺区域

2.按视觉效果分类

　　按视觉效果分类，可以分为最佳视觉区域、一般视觉区域、较弱的视觉区域（图2-66）。

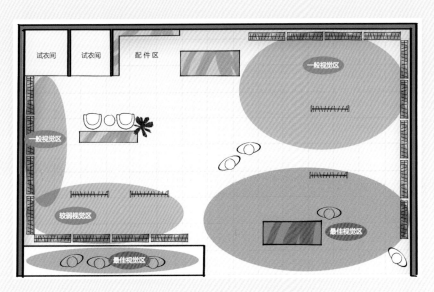

图2-66　按视觉效果划分店铺区域

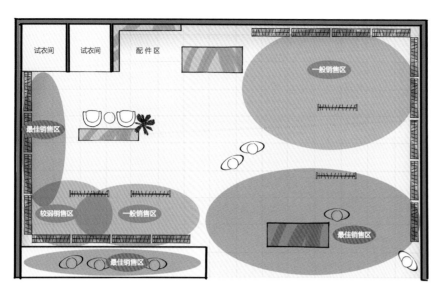

图2-67　按销售业绩划分店铺区域

3.按销售业绩分类

　　按销售业绩分类，可以分为最佳销售区域、一般销售区域、较弱的销售区域（图2-67）。

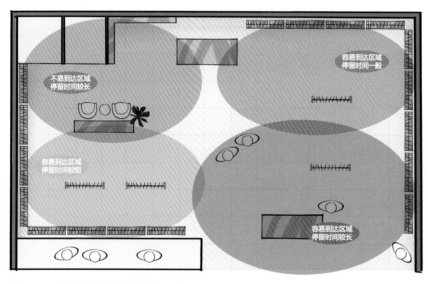

图2-68　按顾客动线划分店铺区域

4.按顾客动线划分

　　按顾客动线划分，可以分为顾客易到达区域、顾客不易到达区域（图2-68）。

二、综合依据的区域划分

　　针对以上四类分区方法，可以发现这四类分区方法并不是孤立存在的，而是彼此相辅相成的。有时顾客容易到达的区域会是销售业绩最好的区域，但有时最佳视觉效果的区域未必是销售最好的区域；也有可能顾客不容易到达的区域也未必是视觉效果最差的区域。于是必须以数据为依据作卖场客流的科学统计，表2-3的统计得出店铺哪个区域最能吸引顾客进店？哪个区域的客流最多？哪个区域的客流最少？哪个区域的成交率最高？哪个区域的成交率最低？

表2-3　店铺顾客购物行为指标统计图

统计项目	统计结果	抽样时间	备注
客流量	100人	13:30～14:00	女70%，男30%
进店量	50人	13:30～14:00	女80%，男20%
进店率	50%	13:30～14:00	
触摸率	40%	13:30～14:00	A点50%，B点30%，C点20%
试穿率	20%	13:30～14:00	A点60%，B点30%，C点10%
成交率	12%	13:30～14:00	A点80%，B点20%
客单件	1.5	13:30～14:00	6单生意中，共售出9件商品
客单价	650	13:30～14:00	6单生意，共销售3900元

　　据上述数据的统计方法及分类逻辑，按顾客动线及销售功能把店铺分为主题展示区、销售热区、次级销售热区、销售冷区（图2-69）。

1.主题展示区

　　顾客进店第一眼看到的区域、视觉效果好、客流量高……

2.销售热区

　　顾客容易到达或易关注、客流量最高、成交率最高的区域……

3.销售冷区

　　顾客易忽略或不易到达、客流量最低、成交率最低的区域……

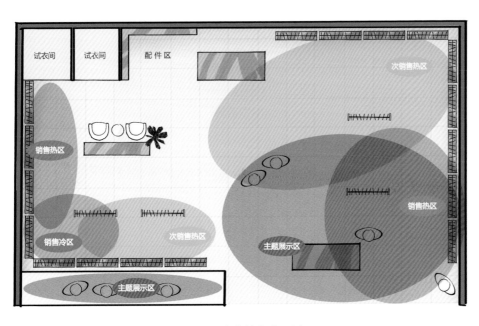

图2-69　店铺销售分区图

第五节
店铺货架构成及布局技巧

一、货架的分类及特征

因为每个品牌定位的不同，现在店铺空间设计要求也在不断地提高，于是目前店铺空间的货架形式可谓丰繁多样，为多变的陈列手法提供了平台，通常情况下货架主要有三类形式，分别是中岛货架、展示台（分单层和多层）、靠墙货架（分开放式和封闭式）。

1.中岛货架的特点

（1）适合展示单一商品或系列商品。

（2）移动性、组合性较好。

（3）货架高度及商品视觉比较自由开放，与顾客没有距离感。

（4）展示的商品方便顾客挑选。

（5）增加店铺空间布局的层次感。

图2-70是巴黎CALLA女装店铺，通过中岛货架的规划使整个店铺空间布局具有层次感，不同系列的商品在单独货架出样让顾客可以自由选择。

2.展示台货架的特点

（1）适合展示单一商品或搭配组合商品。

（2）移动性、组合性较好。

（3）陈列手法的多样化。

（4）与顾客的互动性较强。

（5）在面积较小的店铺、部分展示台会设计一定的商品储存空间。

图2-71是Maxmara店铺，在入口的展示台陈列了当季同主题服装及配饰，展示台合理的高度让顾客可以方便触摸到商品。

图2-70 巴黎CALLA女装店铺

图2-71 MaxMara店铺

图2-72　H&M主题系列商品的货架陈列

3.靠墙货架的特点

（1）适合展示单品或主题性较强的系列商品。

（2）可通过丰富的商品搭配组合，体现商品的完整性。

（3）陈列手法可进行多样性的变化。

（4）货架空间相对独立，适合讲述商品主题故事。

图2-72是H&M夏日度假主题的系列商品在靠墙货架（开放式）陈列，顾客可以在丰富的商品款式中找到属于自己的度假商品。

图2-73是纽约Ralph　Lauren（拉尔夫·劳伦）店铺，靠墙货架（封闭式）全部陈列的T恤单品，通过商品的色彩繁多及大量叠装，有了足够的宽度及深度，同时具有强烈的视觉冲击力。

图2-73　纽约 Ralph Lauren（拉尔夫·劳伦）店铺

图2-74 纽约MARC JACOBS店铺

二、货架的整体布局技巧

货架的布局不仅直接影响到顾客在店内的行走路线，还会影响空间的通透性，店铺货架布局的基本原则是让顾客停留更长时间、购物活动空间更自由。根据顾客在店铺的行为与视线习惯，通常情况下在靠近店铺入口处摆放轻而小的货架，其相应的商品容量较小，比如商品容量相对较小的展示台。店内中部摆放的货架，比门口的货架要更高、更大，商品容量也变大，比如各种形式的中岛架。最后靠墙货架规划在整个空间的周围，容纳最大数量的商品。这是一个由低到高，依次排列的货架布局方法，也是我们最常见的布局方法之一。图2-74是纽约MARC JACOBS店铺，货架整体有序的布局使空间视野比较开阔。顾客可以随意穿行各个货架之间，便于自由浏览，不会产生急迫感，以增加顾客的停留时间和购物机会。

第六节
店铺SKU容量规划

一、店铺SKU容量规划的定义

图2-75　货架陈列容量SKU点数

图2-76　货架陈列容量SKU商品件数

店铺如果没有进行科学的SKU容量规划，可能会出现商品容量过多或过少的情况发生。SKU数量过多会使店铺空间显得很拥挤。同时，增加顾客挑选商品的不易及店铺员工进行货架商品陈列维护的难度，降低商品传递的价值感，直接影响销售业绩；另一种情况是SKU数量偏少，在有限的陈列面积内浪费了商品的展示空间，降低店铺面积贡献率，给顾客感觉商品不充足。

陈列设计师作SKU容量规划的意义主要有两个方面：一方面通过店铺有效展示商品件数的测算，使店铺坪效达到最大化；另一方面按照顾客的购物习惯、货架形式、商品特点进行合理的商品展示，使顾客在浏览商品时有一定的规律性，易看、易懂、易选择、易成交，让顾客购物过程变得更简捷、轻松。

SKU（Stock Keeping Unit），中文译为最小存货单位，定义为保存库存控制的最小可用单位。店铺陈列作SKU容量测算时，会划分成SKU点数（图2-75）和SKU件数（图2-76），SKU点数是指单款单色为一个SKU点数，而SKU件数是指单款单色单码为一个SKU件数。

二、店铺SKU测算的关键因素

通常情况下，品牌店铺进行分级管理后，陈列设计师以品牌常规面积的主力店铺作为SKU容量规划的标准店铺，然后再进行其他类型店铺SKU容量的规划。每个品牌陈列设计师在制定SKU容量标准时会受下面几方面因素的影响。

1.店铺的货架形式及数量

店铺面积大小和空间的结构形态会决定货架的形式，而货架的形式在一定程度上又决定了货架的数量。建议店铺的货架形式尽量有多样化的组合配置，一方面给商品陈列的表现手法有更多变化空间；另一方面，不同的货架形式给顾客在浏览商品时，带给顾客丰富的视觉变化和不同的互动体验。

面积大小、空间形态、货架形式及货架数量这四者之间是相互制衡的关系。一般品牌主力店铺的货架形式应是多样化的组合性货架，数量上也有一定标准配置，如果不是一个方正的常规空间结构，有柱子或角落存在，货架的形式与数量就会有变化，毕竟不同的货架形式对店铺空间的占有率及利用率都会不一样。

2.不同形式货架的陈列手法

相同形式的货架运用不同的陈列表现手法，商品SKU数量也会不一样。例如，中岛式货架全部采用侧挂出样的SKU数量，与侧挂、正面点挂相结合在SKU数量上存在区别，还有商品款式多或少也影响货架的陈列手法，任何店铺或货架都在商品的陈列SKU数量上有一个上限数量和下限数量。能够保障陈列视觉效果的商品数量应该在这个上限数量和下限数量之间，即下限数量≤合理商品数量≤上限数量，这称为商品SKU数量弹性区间，每个品牌的陈列设计师在作店铺陈列标准手册时，都会为不同面积的店铺及不同货架的形式制定SKU数量弹性区间，同时给相同形式的货架制定几种不同的陈列组合手法来配合弹性区间的变化。在店铺面积比较小、订货款式多的情况下，建议商品在陈列出样时采取上限的SKU数量，货架会有大量侧挂的陈列形式出现。

3.品牌的定位

品牌的不同定位对店铺SKU容量的要求存在着差别。例如，奢侈品品牌与快时尚品牌的目标顾客群体存在着较大的区别，而且经营模式及行销策略也不尽相同。于是我们常会看到走精品路线的奢侈品品牌店铺为了体现商品的价值感，店铺SKU容量偏少，甚至有的货架或橱窗只会出1~2个SKU件数的高端或限量商品，一方面为了体现商品的稀缺性及价值感；另一方面迎合高端目标顾客群体的消费心理需求。快销品牌的SKU容量通常情况下偏多，比如H&M、ZARA、A&F等快时尚品牌，经常用大量的商品出样来营造购物氛围，既体现品牌款式的丰富度，又让顾客有更多选择，促进店铺的经营业绩。

三、SKU容量的测算方法

通过分析影响SKU容量的几个因素，测算店铺SKU容量的步骤如下。

（1）确认店铺的面积及结构形态做整体规划。

（2）设定不同货架基本单元的陈列模式。

（3）设定不同区域货架的组合形式，规划出每个货架的陈列组合SKU容量。

（4）根据店铺货架总数，计算SKU陈列容量的最大值与最小值。

（5）结合每个店铺的实际货架数量、商品订货深度、商品库存深度及商品结构等情况，测算出科学的SKU陈列容量。

以某女装品牌店铺为例，计算SKU陈列容量的简要计算方式。

1.先画出店铺货架整体规划及布局的平面图

货架整体规划及布局的平面图如图2-77所示。

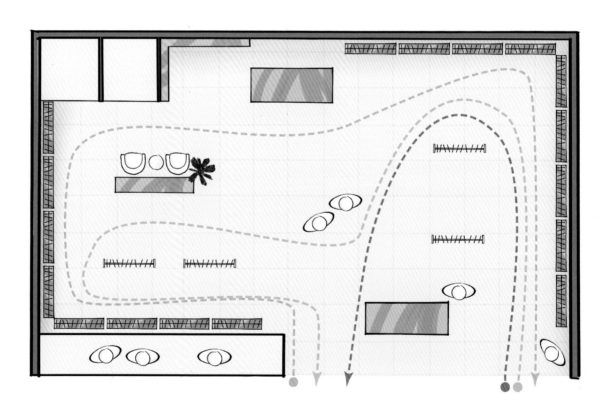

图2-77　店铺平面图

2.货架类型、陈列模式及SKU容量标准参考

货架类型、陈列模式及SKU容量标准参考如图2-78所示。

货架道具SKU容量标准

编 号	图 片	最大SKU容量	最小SKU容量	编 号	图 片	最大SKU容量	最小SKU容量
WA-1	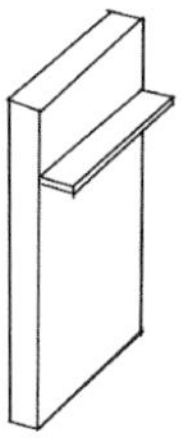	12	6	WA-2	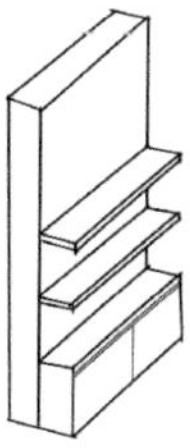	8	6
ATH-1	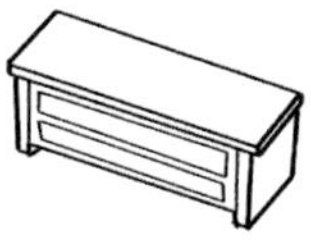	4	1	ATH-2	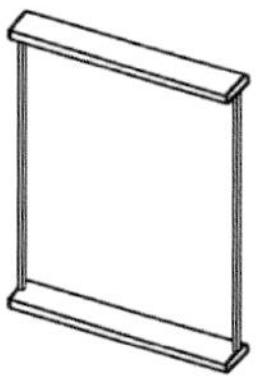	12	6
MO-1		3	1	MO-2		5	1

图2-78　店铺货架道具SKU容量标准表

3.根据货架数量统计出SKU总容量（表2-4）

表2-4　店铺SKU陈列容量统计表

货架类型	货架数量	最小SKU量	最大SKU量	最大容量
WA-1	17个	6 SKU	12 SKU	204 SKU
WA-2	2个	6 SKU	8 SKU	16 SKU
ATH-1	1个	1 SKU	4 SKU	4 SKU
ATH-2	4个	6 SKU	12 SKU	48 SKU
MO-1	7个	1 SKU	3 SKU	21 SKU
MO-2	1个	1 SKU	5 SKU	5 SKU
店铺最大的SKU总容量统计		298 SKU		

第三章

陈列时间规划

第一节
商品生命周期及陈列规划策略

商品生命周期（Product Life Cycle），简称PLC，是商品的市场寿命，即一种新商品从开始进入市场到被市场淘汰的整个过程。商品生命周期和企业制定商品计划以及营销策略都有着直接关系，管理者想要使商品有一个较长的销售周期，以便得到足够的利润，同时降低商品的库存量，在商品生命周期管理中需要多部门的合作，在商品生命周期的不同阶段，根据商品的订货额、销售额、购买顾客的类型、利润率等呈现出不同的特点，有针对性地制定相应的销售策略及陈列规划。

商品在店铺的生命周期不是指商品上柜到撤柜的时间，而是指商品在其性能价值最大化的时间，周期的长短受到季节、气温、地域、订货深度等方面因素的影响。在商品生命周期管理中，陈列设计师主要目的是合理安排售卖期不同的商品进行陈列展示，使得尽可能多的商品能在一定时间内成为主推商品，以达到商品利润最大化。

不能期望商品永远畅销，因为一种商品在市场上的销售情况和获利能力并不是一成不变的，而是随着时间的推移发生变化，这种变化经历了商品的导入、成长、成熟和衰退的过程。通常情况下典型的商品生命周期一般可以分成四个阶段：导入期、成长期、成熟期和衰退期（图3-1）。

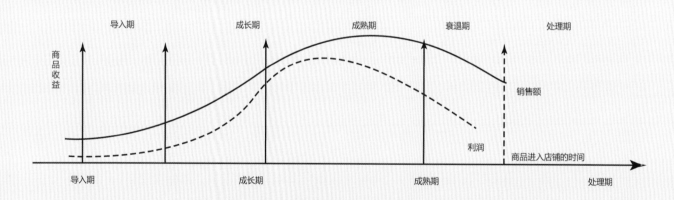

图3-1　商品生命周期曲线图

一、导入期商品陈列策略

导入期是指新商品投入市场之初，顾客对商品还不了解，不愿意改变既定的消费行为模式，需要有个接受的过程。导入期主要有两种类型的顾客购买商品，一种是时尚型顾客，另外一种是品牌VIP顾客群体。实际上在这个时期购买该商品的大众顾客比较少。通常情况下，商品在此阶段销售量小，相对的制造成本高，广告费用大，商品销售价格偏高，销售额有限。在导入期的商品销售重点不是以赚取利润为主要目的，而是如何大力有效地推广，通过高水平的促销来达到既定的利润目标，陈列设计师在这个阶段工作重点是做好当季商品上市的"节目预告"及时尚流行信息的传递和引导。因品牌定位及商品经营策略的不同，每个品牌的导入期时间都不一样。导入期的商品陈列策略如下。

1.商品主题及搭配组合设定

在商品导入期时，陈列设计师要做好商品"节目预告"的视觉推广，即在销售季节之初就要明确的传达给顾客本季商品主题和搭配风格。特别强调此时商品在第一次搭配组合出样时，要保持搭配的完整性并有明显的风格趋向，以区别于其他竞争品牌，让顾客非常容易辨认主推商品的展示。建议在商品导入期时陈列设计师要了解当季的主推系列、主推搭配和重点单品，在主题区域做重点的整体展示，并跟进商品的销售数据来进行下一步工作的参考依据。

图3-2是纽约Ralph Lauren （拉尔夫•劳伦）店铺，在商品导入期时，如果商品广度、宽度与深度足够，又是当季的主推系列，那么在店铺主题区作视觉推广是很好的选择。

图3-2　纽约RalphLauren（拉尔夫•劳伦）店铺

2.当季流行趋势及高价格的强调

商品导入期时，购买的目标顾客群体往往以时尚型的顾客为主，这类顾客时尚敏感度高、具有超前意识，十分愿意接受新鲜事物，而且具有一定的购买力，特别对商品"新、奇"的卖点尤为感兴趣。在这段时间进行商品展示时，要充分了解商品卖点，强调当季商品的流行趋势，告知顾客市场目前最新的流行风格。导入期时在橱窗的模特身上展示当季最新流行的高价格商品，这种流行性商品往往有自己独特的卖点，很少有其他商品可以替代，顾客一旦了解这种商品，常常愿意出价购买，这类商品更容易被时尚型顾客接受，此时商品本身获得的利润率也会较高。图3-3是巴黎Rue Saint-Honoré的Pinko橱窗，在模特的身上陈列最新的商品导入期商品，流行度及新鲜感往往吸引顾客的兴趣。

图3-3　巴黎Rue Saint-Honoré的Pinko店铺橱窗

3.商品小规模小批量的陈列

新品在刚投放市场时，顾客对商品还不了解，除了少数时尚型顾客外，其他顾客群体都会持观望态度，虽然商品的边际利润较高，但潜在需求不确定性却很大，对市场的实际需求很难做到准确的预测。所以导入期时在店内做小批量陈列，一方面可以体现新上市商品的新鲜感和价值感，另一方面可以规避因大量商品铺开而产生的展示SKU量过多和陈列面积占用过大，更多的陈列面积仍要留给成长期或成熟期的主力销售系列商品。

二、成长期商品陈列策略

当商品经过导入期，销售开始取得上升态势后，便进入了成长期。成长期是指商品投入市场后，取得了一部分目标顾客群体的认可，并且销售预测也较为准确，店铺销售业绩不断增长。由于导入期商品整体规划准备工作很充分，潜在需求并持观望态度的顾客从"关注""兴趣"转向实际的购买"行动"，特别是潮流型顾客开始来光顾，老顾客在购买的同时会带来新顾客，商品需求量和销售额迅速上升，商品成本逐渐下降，商品利润开始上升，但此时随着大批竞争者的加入，市场竞争进一步加剧，此时陈列设计师的陈列工作重点是如何让主力销售系列商品卖得更好，以制造店铺的视觉规模效应，来提高市场占有率。在成长期阶段通过"周陈列生产力分析表"来跟进店铺的销售情况，通过评估上周的陈列结果，来制定下一周陈列计划与目标，见表3-1和表3-2。

表3-1　店铺区域及主题系列周生产力分析表

销售时间：		总销售额：			总库存数：		SKU总数：	
店铺区域	主题系列	销售额	销售件数	销售占比	陈列面积	陈列占比	库存数	库存比
下周陈列区域及主题系列调整思路：								

表3-2　店铺陈列点位（PP）单款周生产力分析表

店铺区域	陈列点位	款号	色号	销售数量	销售金额	下周陈列建议

成长期商品陈列常用的策略如下。

1.商品系列应主次分明

通过导入期商品的销售数据及顾客购买行为的分析，得出店铺商品结构中哪些商品系列好卖、哪些是销售主力商品、哪些是非主力商品。此时在店铺的商品展示要主次分明，在重点主题区域及陈列空间展示销售最好的商品系列及主推搭配（或单品），以让顾客第一时间了解店铺在销售什么样主题风格的商品。这里会有一个矛盾点需要说明一下，有时候销售最好的商品系列未必是公司当季的主推商品系列，于是此时陈列设计师要进行综合考虑，从商品系列的订

货深度、销售计划、竞争品牌的商品等方面，来选择最适合当下市场环境的商品系列在重点主题区域进行展示。除非是公司商品战略层面上的考虑，通常情况下，在这个时间段重点展示的是销售主力的商品系列。图3-4是在商品的成长期，当下销售主力的商品会在主题区进行陈列，以保证店铺的销售业绩。

图3-4 商品成长期的销售主力商品陈列规划

2.强调商品数量的展开

为了当下销售主力商品有更多的销售机会，在商品成长期时需要更多陈列面积给销售主力商品进行展示，提高顾客在店铺浏览和触摸商品的概率，从而促进商品的试穿率与成交率。销售好的主推搭配，不仅要出样在橱窗模特身上，还需在店铺其他陈列空间进行正面点挂出样、展示台上进行搭配组合的平面展示等陈列形式，甚至在销售策略上让销售人员做主推商品。这样可以增加更多的顾客浏览概率，不断重复地传递给顾客这是当下主推搭配的商品信息，以加强顾客对商品的印象。在成长期的陈列策略中，强调商品数量展开的同时，要给予持续的视觉陈列效果。及时、充分的商品增补也要同步进行，保证主力商品有足够数量来提升销售的业绩。图3-5是东京银座Uniqlo（优衣库）店铺，在成长期阶段店内的主推商品，会运用模特出样、正面点挂、叠装展示等多重的陈列形式，以提高顾客的触摸率、试穿率及成交率。

图3-5　东京银座Uniqlo（优衣库）店铺

3.体现合理的销售价格及价值

在商品进入成长期以后，越来越多的顾客开始接受并购买，销售额直线上升，利润增加。在此情况下，虽然市场需求量较大，但竞争品牌纷至沓来，威胁主力销售商品的市场地位，这时可以适当地降低价格以增加竞争力。站在陈列设计师的角度，要学会分析当下商品的价格带，通过陈列表现手法来更好地提升商品的价值感。一件基本款式的外套同一时间段在店铺中通过几种不同搭配方式来适应顾客的不同生活场合，以体现这款商品的性价比，使商品视觉重点从介绍商品、提高商品知名度转移到树立商品形象、提升商品价值上来，以建立顾客对品牌的偏好。

三、成熟期商品陈列策略

成熟期是商品生命曲线到达顶端的阶段，随着售出商品的数量增多，市场需求趋于饱和，潜在顾客减少，商品进入了成熟期阶段。此时，销售增长速度缓慢直至顶端，转而下降。由于季尾竞争加剧，导致成本费用再度提高，利润下降。这个阶段陈列设计师的工作重点是运用商品视觉手法进一步延长商品的生命周期，帮助销售部门在换季前处理完当季销售的商品，做商品结构二次整合并给予商品新鲜感。成长期的商品陈列策略如下。

1.商品结构的二次整合

进入成熟期时，商品已经销售了较长一段时间，销售好的商品数量逐渐减少，如果没有足够的订货深度，可能会出现断码缺货的情况，而滞销的商品却还有一定的库存。站在陈列商品规划的角度，此时做商品结构二次整合的重点在于店铺整体商品结构每个系列、不同款式的重新组合与搭配，通过整合使某一系列商品的完整度给以一定的补充，获取新的销售机会。这个时间段无论是通过店铺间商品的合理调拨，还是公司对商品的补充，都要以销售主力商品系列作为优先考虑进行的组合与补充对象，当季商品至少要保持一个完整的系列来做店铺销售的主推。例如，某一销售较好系列的裤装断货，在现有条件下，我们通常会从其他店铺进行商品的调拨，来保证此系列的销售业绩。

2.多样化的陈列手法运用

通过陈列手法尽量延长商品的生命周期，是陈列设计师在成熟期商品出样要考虑的重点。经过较长一段时间销售的商品，再重点出样时需要重新考虑陈列的表现手法，以提升顾客的吸引力。经过长期的实地调研和评估顾客的购物行为，发现了顾客在购物时所浏览的商品随着时间变化对商品的记忆性会逐步衰减。

假如一个店铺有100个款式的商品，顾客的需求目标款式为15款，通常情况下，在店内实际浏览目标款式为3~5款，是否会试穿与成交都具有不确定性，同时顾客还会选择其他品牌商品进行比较。除非顾客特别喜欢和钟爱某个款式，隔天后对浏览过的商品基本不会有印象。根据此调研结果及在同一商圈顾客7~10天平均购物频率的数据测算，建议成熟期的商品通过改变陈列表现手法，来提高顾客对商品的新鲜度，使其改变原有的商品印象，不会让顾客感觉店铺一直在销售以前的款式，没有新商品上市。

如图3-6所示，秋季一款主推的开衫，在成长期时主推裙装和开衫搭配的陈列手法，是偏浪漫女人味的风格。到了成熟期时可以和牛仔裤搭配，并附有围巾装饰，适合秋季的假期旅行装扮，来体现一种休闲中性的风格，这样延长了此款开衫的销售时间，并给老顾客新的印象。进入了初冬，可以把此款开衫与外套进行搭配，进一步延长它的生命周期。此阶段通过商品自身的改变来满足不同顾客群体的需求，从而吸引顾客购买的概率，来提高销售业绩。

图3-6　同款开衫在不同商品生命周期的不同搭配方法

四、衰退期商品陈列策略

衰退期的商品销售量和利润由成熟期的缓慢下降变为迅速下降，顾客的兴趣和消费习惯完全发生转变或持币待购新商品。经过成熟期的激烈竞争，商品价格已下降到最低水平，品牌的销售策略会针对市场现状，进行最后的促销活动，来吸引最后的折扣型顾客。同时市场上出现替代品和新商品，也使时尚型顾客有了新的消费需求。此时由于该类商品的生命周期在促销后也就陆续结束了，以致最后完全撤出店铺和市场。视觉陈列重点是做好促销商品的陈列及当季商品撤市后新商品的陈列规划工作。衰退期的商品陈列策略如下。

1.促销商品集中展示

在季末时店铺会针对衰退期的商品做相应的促销活动，在活动期间做好促销商品的陈列，首先要考虑折扣商品是集中陈列还是分开陈列。每个品牌商品营运及销售策略都有所区别导致陈列策略不同。有些品牌当季商品与往季、下一季主题有很强的延续性及可搭配性，就会通过不同的标识陈列在同一区域内，一方面可提高销售的客单数，另一方面可以增加商品的丰满度，此方法在某些定位高端的品牌较常见。如果站在顾客的立场去分析购物时的方便性及易看性，折扣商品一般会做集中式陈列。商品通过整合和分析，按季节、品类、价格等方法来作陈列出样。集中式陈列在快时尚品牌运用的更多。如果折扣商品占店铺商品30%以上时，需要设置专门的独立区域，有利于顾客选择及区分商品。

2.当季与应季商品的组合搭配

这段时间商品处在季节交替与重叠的时期，通过新旧款商品的搭配，以新款带动旧款的销售，来进一步消化上季商品的库存。建议以新款系列商品为主导，上季系列商品作为辅助。例如，在店铺陈列空间的模特出样，主推商品还是以导入期的新款为重点推荐，上季的基本款辅助搭配（比如冬装上市时，冬季羽绒外套类商品出样，会选择秋装的基本款毛衣做搭配）。此时陈列设计师还要根据新品上市计划、上季商品退市时间及市场客观环境，做好新旧品在商品过渡期的陈列规划工作。

服装时尚消费品的生命周期除了具有以上特性外，与商品的适穿季节性有很大的联系（图3-7）。比如初秋的商品具有很强的季节性特征，只有一个季节的生命周期。而有些基本款式商品是可常年销售，在全年销售过程中会出现多次的生命曲线循环现象，针对此类商品在生命周期管理计划中就要随时进行视觉促销计划的调整。

除了季节时间因素会影响到商品生命周期的曲线变化外，市场活动也会起到刺激功能，在季末时段，商家会通过促销活动来对呈现生命周期曲线下降的商品实施刺激，经常会在看似过季的时间内出现新的销售高峰。最近两年在市场上可以看到很多品牌会做反季促销，在夏季促销冬季的商品进一步处理商品的库存，也取得不错的销售业绩。陈列规划工作此时必须配合销售活动，抓住有利时间，通过陈列促销的功能，为商品的促销做到视觉价值最大化。

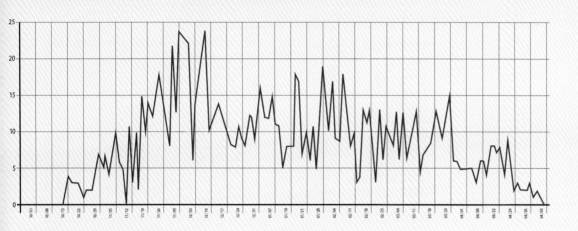

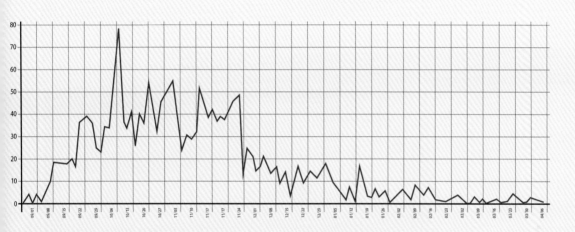

图3-7　基本型、季节型商品生命周期的款式销量走势图

第二节
商品不同生命周期的店铺布局规划

　　图3-8~图3-11是某城市Schizzo女装店铺春装商品的不同生命周期布局图（店铺布局的部分依据来源于本书第二章图2-38、2-69；及第六章VM十二个月计划春装部分），商品的店铺布局规划主要由当季商品企划、订货及销售计划、店铺销售整体数据、商圈的目标消费群体及商品的季节性等因素来决定的。店铺布局是一项动态管理工作，在商品不同的生命周期里，随时间、市场及顾客等变化，有针对性地调整商品系列在店铺中的布局。

一、导入期店铺布局

商品导入期的店铺布局如图3-8所示。

在春装导入期的时间阶段，店铺主题区会陈列一定SKU数量的春装，进行当下主推系列商品的流行预告，以吸引一部分时尚型的顾客群体。由于此时间段的店铺销售主力仍是冬装的商品系列，于是橱窗会做冬装当下的主推商品出样，店内大部分最佳销售区域也会做冬装的陈列。

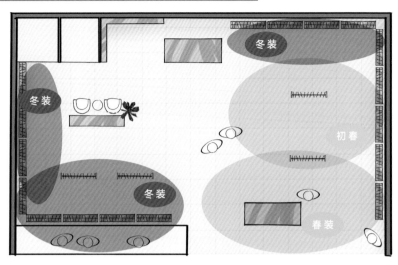

图3-8　导入期店铺布局

二、成长期店铺布局

成长期店铺布局 如图3-9所示。

春装经过销售一段时间后，随着天气转暖，气温上升及购买目标顾客群体的增加，春装进入了快速的成长期，此阶段店铺橱窗、主题区及部分最佳销售区域，春装商品SKU开始会做较大规模的铺开并且推出的商品系列主次分明。同时，店铺保留了一个区域陈列冬春过度的商品系列，把握市场最后的销售机会。

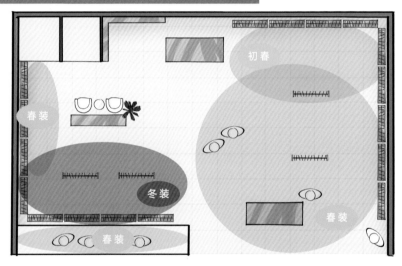

图3-9　成长期店铺布局

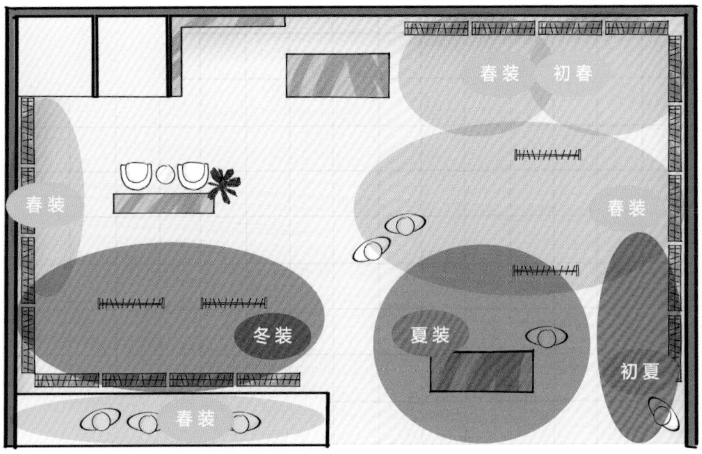

三、成熟期店铺布局

成熟期店铺布局如图3-10所示。

随着春装销售曲线继续的上升，春装商品进入了成熟期，加上销售周期较短，这个阶段店铺应大力进行春装商品的二次陈列调整，要保持部分商品系列的完整性，并在店铺橱窗及部分最佳销售区域做春装最后的重点推广。此时夏装也开始上市，店铺的主题区进行小批量夏装商品的陈列，提前进行市场试销与推广。

图3-10　成熟期店铺布局

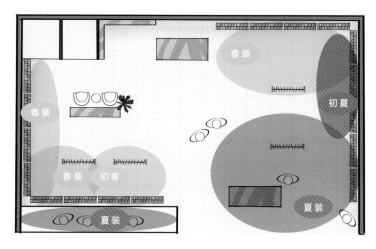

图3-11 衰退期店铺布局

四、衰退期店铺布局

衰退期店铺布局如果3-11所示。

春装商品进入了衰退期后，商品会逐渐开始退出市场，夏装商品便成为了店铺的主角，此时夏装商品在店铺主题区及橱窗大面积的陈列展示，主力系列商品会持续的推出，以吸引更多的目标顾客群体购买。由于当下春装的商品也处于促销阶段，店铺部分的最佳销售区域仍会陈列一定数量的春装商品，为创造最后销售的业绩而努力。

第三节
销售周期及陈列规划

一、节假日商品陈列策略

通常情况下节假日是商品销售的黄金时期，店铺将面临客流量的增多，竞争品牌促销激烈的现状，特别是快时尚品牌的促销竞争更为典型，在促销期间目标顾客的购买心理反而会进行短时间观望，在多家品牌商品的全方位比较后才进行购买。此时陈列设计师如何配合营销相关部门规划出店铺的节假日整体促销氛围是最为关键的核心点。

1.配合主题突出店铺节假日氛围

在节假日期间顾客购物比平时更注重店铺的氛围，一家有氛围的店铺更容易吸引顾客进店，增加店铺的集客力。陈列设计师规划一家有节假日氛围的店铺，首先要学会做好店铺的整体视觉主题规划。在不同的节假日，店铺应做不同节日主题性的视觉整体规划，塑造节假日良好的购物氛围（图3-12），引起顾客视觉关注，提升购物欲望并能区别于其他竞争品牌。

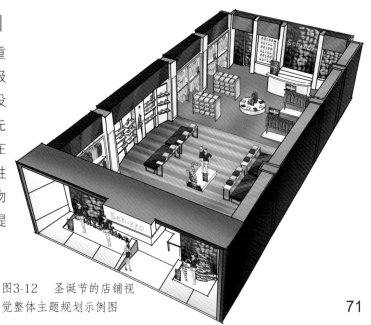

图3-12 圣诞节的店铺视觉整体主题规划示例图

71

节假日视觉主题是指品牌在某一时间节点，根据该节日特点提出某种主张或商品故事，通过店铺空间及平面系统等进行整体的表达与展示，有效地传递给目标顾客及潜在顾客。视觉主题一般包括店铺橱窗、展示台、模特组、海报、POP、店员形象等构成。

2.强调商品数量的展开

在节假日店铺客流量增多的情况下，顾客购买人群从购物行为、年龄、收入等分类都可能存在多样化的需求与选择，无论店铺商品库存充足或面临短缺的情况，陈列设计师需要关注两方面，一方面保证店铺商品SKU数量充足，另一方面要关注店铺商品展示的完整性，即商品的系列感、搭配的多样化、款式的丰富度。

3.明确主力销售系列商品

在节假日销售期间店铺顾客的类型众多，此时陈列设计师必须与店铺负责人充分沟通，一起分析当下商品流行趋势、当地目标顾客群体的需求、店铺现有的商品结构及竞争品牌的商品现状等，找出此销售期间最有竞争力的主力系列商品并库存量充足，在店铺的主题区进行重点的展示与出样。

二、打折促销期商品陈列策略

除了节假日进行促销，在商品换季期间或某段时间销售业绩不理想时也会进行一定的打折促销活动，比如通过促销手段让换季或销售业绩不理想的商品抓住最后时机，提高销售业绩，降低商品的库存量。陈列设计师在打折促销期间工作的重点在配合销售部门做店铺促销氛围营造及促销商品有效整体性的展示。

1.店铺促销氛围的营造

在常规打折促销期间的客流相对稳定，目标顾客较为明确，主动吸引客流成为了关键点，运用视觉手段来营造店铺的促销氛围，吸引顾客进店是陈列设计师工作的重点，与节假日视觉主题规划的思路一致，以促销商品为核心进行的陈列规划，通过店铺橱窗、展示台、模特组、海报、POP、店员形象等来营造店铺促销氛围。

2.明确当下促销的主力商品

在商品打折期间，陈列设计师根据店铺促销的商品计划及库存深度，需要明确促销的商品是整盘商品或是部分系列商品，如果是整盘商品需要找出主推的系列做重点展示，体现出系列商品的宽度及深度。某一系列商品需要找出主推的搭配或单品做集中式重点出样。在这里会有一个问题点，如何在某一系列商品打折促销期间处理与正价商品系列（或新品系列）之间的区域划分。此时可以根据店铺的定位和正价商品系列（或新品系列）的SKU占比、销售数量占比进行分析，来决定不同系列商品的陈列空间的规划（具体内容可参见第四章内容）。促销主力商品时要注意以下几点。

（1）重点区域陈列重点商品

针对重点店铺或形象店铺及正价商品系列销售比重较大的店铺，优先考虑正价商品系列陈列于店铺视觉价值较高的区域，从而维护品牌形象、商品价值及保证销售业绩。

（2）促销折扣大的商品陈列

以折扣商品销售为主要目的或促销力度较大的店铺，促销的商品比例超过30%以上，店铺视觉价值较高的区域可陈列促销的主力商品系列，此时店铺的VP或PP以展示促销的商品为主。

3.销售点平面广告促销的运用（POP、海报等）

销售点广告是指一种设置于销售现场的广告形式，对商品相关销售信息进行提示及说明，以POP、海报、多媒体等形式表现。会出现在店铺入口、橱窗、店内货架、收银台等。据店铺销售点平面广告对顾客购买的影响调研，60%的顾客认为有效的销售点广告能激发她们对商品的好奇心，从而提高浏览商品的概率。当下市场的快时尚品牌对销售点广告的重视达到了前所未有的高度，当顾客在自助购物方式的店铺，销售点广告成了顾客选择的商品重要参考，传递的信息可以是商品故事、商品搭配、商品剪裁与工艺、价格信息等。图3-13是Gap（盖璞）店铺外墙的平面海报，有很强的视觉效应，传递着当季商品风格及目标顾客信息。

图3-13　Gap(盖璞)店铺外墙的平面广告

图3-14是东京银座Uniqlo（优衣库）旗舰店，针对都市职业女性的商品推广区域，主推商品是衬衫，通过海报与POP来讲述商品故事、搭配方式及销售信息。在快时尚品牌中，优衣库是销售点广告运用的佼佼者。销售点广告促销的优点如下。

（1）在打折促销期间，有利于营造店铺销售氛围，让顾客不用费力就可以直接有效地了解主要的销售信息。

图3-14　东京银座Uniqlo（优衣库）旗舰店

（2）制作精美、信息传达易懂的POP、海报和多媒体容易引起顾客注意，并让顾客对品牌或商品产生好感。

（3）当处在一个市场竞争环境中，有效的销售点广告能使品牌或商品区别于竞争对手或突显主力销售商品，可以提示和引导顾客购买。

随着市场竞争环境变化，顾客见识度越来越高，品牌对销售点广告的设计要求不但要制作精美，而且要让顾客易看易懂。无效或差的销售点广告不但起不到作用，反而会产生负面影响。随着多媒体电子的发展，很多品牌会借助这个新载体，使顾客与商品的互动体验得到进一步提升。例如，IPAD的商品说明、试衣间的多媒体商品试穿演示等。但随着销售点广告越来越多及形式多变，过多的POP、海报及多媒体平台已极大地削弱了广告效果，这是我们面临的另一个挑战。

图3-15是东京银座Uniqlo（优衣库）旗舰店的减价销售海报通过大量视觉点的铺开及商品价格大标签，直接简单地传递给顾客。 图3-16展示的是店铺销售点商品POP、灯箱海报与当季主推商品的组合运用，是对商品最好的无声说明及推荐。

图3-15　东京银座Uniqlo(优衣库)旗舰店

图3-16　店铺销售点广告的组合运用

　　图3-17是Desigual店铺好玩的墙面涂鸦及可爱的儿童模特海报，让这个区域看起来十分的生动而活泼，演绎着童装商品特有的趣味性。

　　图3-18是Victoria 's Secret（维多利亚秘密）内衣店铺，在"The Showstopper"系列商品区域，墙面海报在超模Erin Heatherton的演绎下充满了诱惑力，给予顾客强烈的视觉感及想象空间。

　　图3-19是巴黎巴黎Rue Saint- Honoré的Lanvin(朗万)店铺，电子多媒体赋予商品展示更多的多变性，让顾客可以从多维度来体验商品信息的丰富性。

图3-17　Desigual 店铺童装区域的销售点广告

图3-18　Victoria 's Secret（维多利亚秘密）内衣店铺

图3-19　巴黎Rue Saint- Honoré 的Lanvin(朗万) 店铺

第四章
陈列商品规划

陈列规划是主动营销的过程，通过陈列规划可以反映出品牌的定位与销售策略，能引导顾客按合理的顺序浏览和选择商品。仔细去观察，当顾客走进店铺时，首先通过眼睛不断的搜寻，寻找自己感兴趣的或计划购买的某类商品。一旦找到所需的商品或被某件商品卖点所吸引，便会产生兴趣并在商品面前停留、观看、触摸、再进行试穿直到最后做出购买决定。

当下竞争激烈的市场环境及电商时代的开启，众多品牌面临顾客购物方式的转变，顾客会通过更短的时间，更便捷的方式，更有目的地去购买所需求的商品。所以，我们不得不去思考顾客的购物动机和心理，如何迅速地吸引顾客，使顾客轻松、快捷地找到所需要的商品，并在第一时间产生购买行为。店铺商品分类的目的在于通过有逻辑性及计划性地商品管理，让顾客对商品的特点和差异性容易理解和选择。对商品进行合理的分类与整理后，能为店铺商品的布局提供依据。

第一节
商品的分类

商品永远是陈列规划的主导，就陈列设计师工作范畴而言，有关商品的分类更多在于执行层面，公司的商品部门会根据品牌定位及销售策略等，遵循一定的逻辑进行分类，然后给陈列规划工作提供参考。在做店铺商品规划时，首先要按照品牌的分类方法对店铺商品进行归类、组合和排列，然后再进行店铺的商品布局。目前品牌商品常见品类的分类方法如下。

一、按产品线的构成划分

根据产品线的组合规划，按顾客使用目的不同来对商品进行分类，可以将服装分为服装、鞋子、内衣、帽子等。这样的分类既方便顾客挑选，还可以快速地把顾客分流到店铺的各自所属商品区域，以提高顾客购买商品的效率。例如：运动品牌服装区与鞋区会分开单独规划，快时尚品牌也常划分为服装区、内衣区、配件区等（图4-1）。

二、按目标群体性别及年龄层次划分

产品线完整的快时尚品牌通常店铺面积较大,甚至有些是多楼层店铺,客流的构成具有多样性。商品首先会按顾客的性别进行划分，再按年龄层次进行明确的分类,可以分为成人男装、成人女装、男童装、女童装等,以便引导顾客去往购物需求所属的店铺目标区域。如ZARA、H&M、Uniqlo（优衣库)等品牌的店铺都是以独立的楼层或区域将商品按成人男装、成人女装、男童装、女童装等性别及年龄层次进行划分,然后,在每一区域内按商品的主题系列进行陈列(图4-2)。

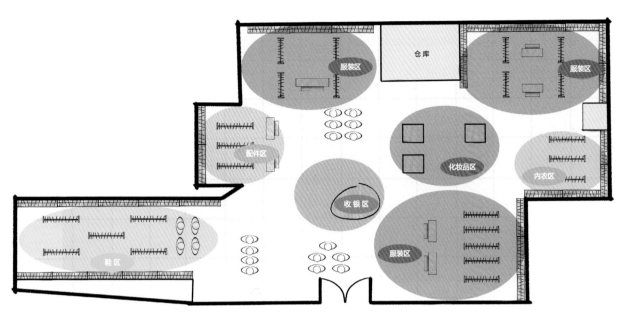

图4-1 按产品线的构成进行商品分类

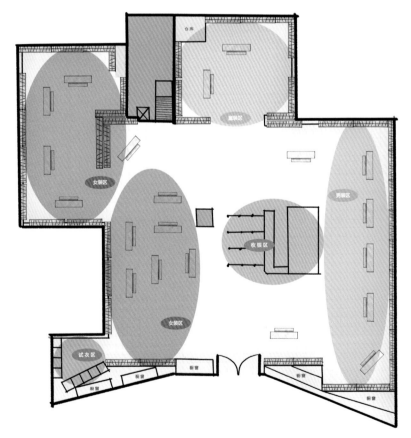

图4-2 按目标群体性别及年龄层次
进行商品分类

三、按商品季节类别划分

　　按不同季节进行分类是商品划分的基础，因为季节气候的变化与更迭，顾客
会产生新的购物需求。按商品季节类别划分可以分为春季、夏季、秋季、冬季，
也可以分为春夏装、秋冬装。顾客购买商品的第一直觉往往会想这是适合什么季
节的商品，适合在什么场合和气温下穿着，商品的季节性分类一直都会存在。一

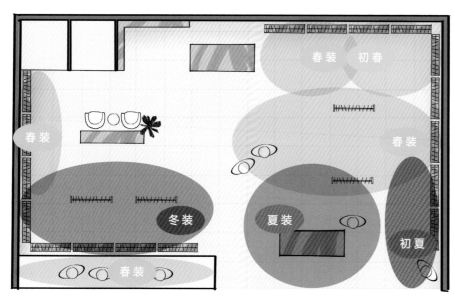

图4-3　按商品季节类别进行商品分类

个新季节来临之际，陈列设计师需要将店铺创造出全新的季节氛围来吸引顾客进店，这也意味着向顾客传达新品到店的信息（图4-3）。但随着顾客购物习惯、地域特点及消费行为的变化，有一部分品牌按季节商品特性的品类划分越来越模糊了。比如在国内北方城市冬季的店铺可以看到皮草与吊带一起出样的陈列。还有一部分定位较高的品牌，商品风格明确并且每季商品设计具有较好的延续性，会按同一风格或主题商品进行组合陈列。

四、按商品生活场合或顾客生活方式划分

按商品生活场合或顾客生活方式类别划分也是常见的一种划分方法。比如运动品牌根据顾客运动的方式划分为篮球服、足球服、跑步服、户外服、休闲服等，由商品设计部门设定主题，进行商品系列开发，来满足顾客不同运动场合的需求。这种分类的好处是商品品类齐全，非常有利于组合搭配及对客单数的提升大有帮助（表4-1）。

表4-1　按商品生活场合或顾客生活方式进行商品分类

体育服装服饰商品品类结构							
品类		专业运动				运动休闲		
功能系列		Basketball	Tennis/ Badminton	Football	Running	Training	Outdoor	Leisure
中品类	小品类	篮球	网球/羽毛球	足球	跑步	训练	户外	休闲
服装	上装	○	○	○	○	○	○	○
	下装	○	○	○	○	○	○	○
鞋类	鞋类	○	○	○	○	○	○	○
配饰	帽类	○	○	○	○	○	○	○
	包类	○	○	○	○	○	○	○
	球类	○	○	○	○	○	○	○
	袜类	○	○	○	○	○	○	○
	护具	○	○	○	○	○	○	○
顾客搭配需求		顾客生活方式						

五、按商品主题系列类别划分

商品主题系列分类是商品设计部门根据商品开发的主题风格或商品故事进行分类（表4-2），如都市主题、田园主题、梦幻主题等。主题系列分类的好处是商品系列完整，色系规划合理（同主题又区分主色系、辅助色系），商品之间的关联度比较高，容易进行组合搭配。陈列师只要根据商品设计部门的商品主题说明进行分类，店铺员工也可以根据商品主题做组合性的商品销售。系列分类方法比较适用故事性、系列性比较强的品牌。

表4-2 按商品主题系列进行商品分类

2012 春季商品企划				
主题	主题灵感	色系	素材	面料
活力魔方	20世纪60年代YSL的蒙特里安极简主义融入现代主义风格，充满了玩味十足的情调，跳跃的色彩令极简主义风格活泼有趣。变化后的方块失去其硬朗，开始变得富有活力	主题色：橙色、红色、亮黄色 辅助色：蓝色、白色 点缀色：奶油色	箱形夹克 阔袖 短袖 七分袖 派克风衣造型 A字型轮廓的连衣裙 直筒裙等	漆皮 尼龙 氨纶弹性纤维 新型的记忆纤维 镶嵌亮片的网布给造型注入了闪烁的光泽 结合亚光针织与罗文针织布产生鲜明对比
日光海岸	一直延续了几季的海洋风，在这季重点强调的是水手条纹与图案的混合搭配，不再仅限于蓝白条纹的组合，同时融入图案的穿插使用，宽条纹、断裂条纹、定位条纹成为春季的流行惊喜	主题色：白沙色、海蓝色 辅助色：深海蓝 点缀色：粉蓝色	条纹针织 经典无领外套 中长款裙子 窄身铅笔裙 柔滑下摆的裙子	针织条纹 罗马布 莫代尔T恤面料 有机理的条纹色织面料 雪纺印花 弹力真丝雪纺 提花针织条纹 细针强捻棉纱
都市花园	这一主题源于20世纪70年代风靡一时的经典纪录片《灰色花园》，灰色花园是一栋靠近海边的独立建筑，演绎着另类的贵族式生活，当现代浪漫主义遭遇优雅的复古风，令人充满了遐想	主题色：桃粉鲑鱼色、粉红色、桃米色 辅助色：酸绿、泳池绿 点缀色：银色或金色	香奈儿风格西服裙套装 无扣的箱型夹克 郁金香式轮廓与月牙边的修饰 热裤 迷你裙 长款牛仔衬衫 蕾丝装饰	复合蕾丝 雪纺 泡泡纱 素色暗纹提花面料 仿真PU 天然牛仔面料 丝棉 网布

六、按单品类别划分

单品类别划分是根据商品的单一品类对商品进行区分的一种分类方法（图4-4）。比如在许多店铺中，商品的品类有裤子、T恤、衬衫、风衣等，首先根据大品类划分，再按小品类分别陈列在不同的区域，从而形成了裤子区、T恤区、风衣区等。比如Uniqlo（优衣库）就采用这种方法划分商品。这种分类方法有时还可以进一步细分，T恤可划分为翻领T恤、圆领T恤、V领T恤等，这主要由商品的品类结构所决定。在大型的购物商场、有些快时尚的休闲类服饰品牌常用这种方法，它的优点是以销售额比较突出的重点商品为中心展开分类，根据商品使用目的不同，围绕一种款式进行展开，顾客易区分、易挑选，店铺管理起来方便。但不足之处是系列感不强，搭配性不强，如今以单品类类别划分的品牌也相当重视商品的搭配组合，通过橱窗及PP空间的完整搭配出样来引导顾客进行商品的浏览和选择。图4-5是东京银座Uniqlo（优衣库）的旗舰店，运用模特的完整搭配和商品分类来引导顾客对单品类商品的浏览和选择。

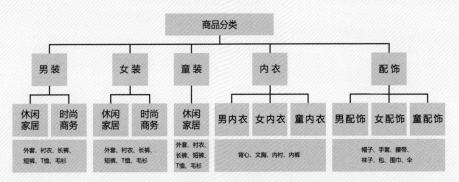

图4-4　按单品类别进行商品分类

图4-5　东京银座Uniqlo（优衣库）旗舰店

有关店铺的商品分类方法是首先基于商品企划及销售策略作为导向，其次根据店铺的实际销售状况和竞争品牌信息，找到适合店铺商品的逻辑进行品类划分，最后对整个店铺商品货区的展开布局。店铺商品分类并不是单一方法而作，而是多种分类方法的统筹，按层级依次进行商品的分类规划。

表4-3是某国际男装品牌的整体分类。首先第一层级按顾客生活方式或场合进行划分，划分为成衣系列、时装系列、量身定制、年轻商系列品、运动商品系列。其次大类上按产品线规划进行划分，划分成服装、配饰、内衣、眼镜、香水等，说明该男装品牌的产品线规划比较完整，给予顾客更多

的选择空间，特别对品牌偏好的忠诚顾客尤为重要。最后小类上是按单品类进行划分，划分成西装、夹克、毛衫、鞋类、领带等，从单品类上可以看出每个系列的小品类非常丰富，拥有足够的商品广度，搭配组合性很强，当然属高端的量身定制品类较少，那是由商品定位决定的。

表4-3　某国际男装品牌的整体商品分类

商品品类结构						
品类划分		成衣系列	时装系列	量身定制	年轻产品	运动产品
大类	细类					
服装	西装	O	O	O	O	
	夹克	O	O	O	O	O
	大衣	O	O	O	O	O
	衬衣	O	O	O	O	
	毛衫	O	O		O	O
	POLO衫	O	O		O	O
	单裤	O	O	O	O	O
配饰	鞋类	O	O		O	O
	皮带	O	O		O	O
	包类	O	O		O	O
	皮具	O	O		O	O
	领带	O	O	O	O	
	袋巾	O	O	O	O	O
	围巾	O	O		O	O
	袖扣	O	O			
	手套	O	O		O	O
内衣	睡衣	O			O	O
	内衣	O			O	O
眼镜	眼镜	O	O		O	O
	太阳镜	O	O		O	O
香水		O	O		O	O
顾客搭配需求		顾客生活方式				

第二节
店铺的商品布局依据

　　店铺商品的布局是陈列规划工作中最重要的内容之一，作商品布局的目的是在适合的区域布置适合的商品内容面前目标顾客，并最终达到销售的目标。

　　图4-6是2013年10月北京东方新天地某运动品牌店铺一楼的商品布局图，根据商品的不同布局我们来做如下分析与判断。

　　①店铺主题区的"明星系列"是店铺当下主推商品系列，并且可能正在做市场推广。

　　②店铺左边区域的"轻暖冬日系列"说明是当下季节性销售的商品。

③右边的女子健美、跑步、男子健美则是2013年最热门的大众运动，符合当下市场潮流及顾客需求。

④店铺中场部分有三大系列的基础商品，占有很大的陈列面积，基础系列也许是店铺销售量最大的商品。

⑤根据篮球与足球陈列面积的对比，可以发现这个品牌篮球系列有可能是这个店铺的主销商品，相对足球系列，篮球系列也许是这个品牌的战略商品。

⑥配件系列陈列离收银台很近的区域，从销售的角度上说明是连带销售的策略。

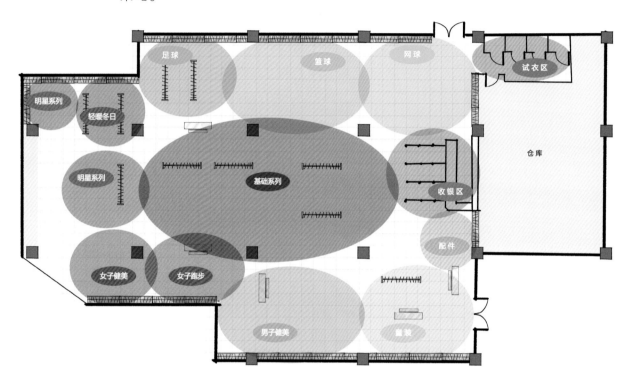

图4-6　某运动品牌店铺一楼的商品布局图

根据上面的案例分析，选择不同品类的商品陈列在店铺的不同区域，是根据商品结构、销售策略、销售数据、市场需求及目标顾客群体等多因素为依据，陈列设计师在进行店铺商品整体布局需从以下几方面入手，进行综合的分析和考虑，选择最适合的规划方案。

一、当季商品企划主题

如果公司设计部门是按主题系列商品进行分类设计的，在每一季根据公司的商品结构和市场的需求进行企划，不同主题系列商品的结构比重会有所不同，陈列设计师应第一时间了解设计部门的商品企划方案，了解当季商品结构及款式比例等。比如当季商品一般都会有主推系列，较能代表品牌的商品特色或是当下市场流行的商品，在主推系列商品刚上市时，会陈列于店铺的主题展示区。表4-4某女装品牌2012年春装商品企划中，日光海岸系列为春季商品的主推系列。

表4-4　某女装品牌2012年春装商品企划

大品类	小品类	复原魔方		日光海岸			都市花园			合计
		第一波	第二波	第一波	第二波	第三波	第一波	第二波	第三波	
上装	上衣外套	5	3	4	8	3	3	7	2	35
	衬衫	5	1	4	7	2	3	6	2	30
	毛衫	7	2	6	10	2	5	8	1	41
	针织衫	3	1	3	5	1	3	4		20
	风衣	3	1	3	3	1	2	4		17
下装	裤	7	2	6	12	2	4	9		42
	单裙	3	1	3	4	2	2	3	1	19
连衣裙	连衣裙	7	3	5	10	3	5	8	3	44
新娘装	礼服	3					2			5
合计		43	14	34	59	16	29	49	9	253

二、商品订货及销售计划

　　店铺的商品始终处于一个动态的循环过程，商品的季节性比例一直存在，要根据商品当季不同品类的订货数据、应季商品不同品类的库存数据来做商品布局依据。比如当季订货量最大系列的商品在计划的销售时间内，如果大批量上市就需要做重点区域展示。此时商品部门的商品销售计划也应作为参考，在不同时间针对市场需求及竞争品牌的现状，商品部门会做相应商品的上市策略。

　　在季节交替时，会面临不同季节商品在不同区域进行陈列规划的困惑。比如夏秋交替换季时，如果店铺只有一个最有价值的主题区，那么这个时间节点主题区是陈列夏季商品为主，还是秋季新品为主呢？如果此时夏装正在做大促销计划，商品库存量充品，商品系列较完整，毫无疑问主题区是陈列夏装商品。如果此时夏装已经做过促销，商品库存不多，断码缺货也较多，就可以考虑展示秋装新品，不过也要考虑秋装新品的数量及商品系列的完整性。陈列设计师此时要从商品的库存量、商品系列的完整性、竞争品牌商品计划等多种因素作整体考虑与安排。表4-5是某店铺2012夏季销售排名表。

三、店铺销售整体数据

　　商品不同品类的整体销售数据是进行店铺商品布局最重要的依据，陈列设计师要学会用数据语言与公司相关部门、店铺管理人员进行沟通，这是最容易达成共识和增加说服力的途径，要了解不同品类商品的**销售数量、销售金额、销售占比、售罄率、件单价、客单数**等。比如有些店铺某段时间销售最好的未必是公司当季的主推系列商品，此时店铺重点展示区域可能会展示当下销售最好系列商品，并且针对系列商品给予更大的陈列面积来展示该商品。部分数据在去店铺现场之前就应通过公司进销存软件进行有针对性的分析，这样可以提高现场工作效率。表4-6是某运动品牌店铺周销售与陈列占比数据汇总表。

表4-5　某店铺2012夏季销售排名表

销售排名表										
排名	款号	色号	XS	S	M	L	XL	合计	单价	销售金额
1	212302078	43	43	51	23	1	1	119	1398	166362
2	212108007	30	38	46	31	4		119	828	98532
3	212303022	52	36	50	27	4		117	998	116766
4	212107002	82	37	48	23	6	1	115	1188	136620
5	212302073	12	38	50	24	2		114	1188	135432
6	212118003	64	39	47	23	4		113	1788	202044
7	212106004	11	40	45	25	3		113	868	98084
8	212403029	43	41	45	21	2		109	288	31392
9	212405029	12	33	51	20	4		108	1298	140184
10	212418005	92	32	50	22	4		108	998	107784
11	212102012	20	35	54	18	1		108	3688	398304
12	212203009	43	35	48	22	2	1	108	1168	126144
13	212105010	51	46	48	14			108	728	78624
14	212305022	43	37	46	22			105	668	70140
15	212105005	20	33	50	19	2	1	105	728	76440
16	212117010	21	34	40	24	3	2	103	928	95584
17	212403029	11	39	44	19			102	288	29376
18	212302073	43	35	49	18			102	1188	121176
19	212202059	20	25	45	26	6		102	1388	141576
20	212102018	12	44	47	7	1		99	2188	216612
……										

表4-6　某运动品牌店铺周销售与陈列占比数据汇总表

店铺名称	北京XX商场店					
销售时间	9月16日~22日					
总销售额	15992元					
总库存额	1293件					
总SKU数	男区	120 SKU		女区	68 SKU	
男子	销售金额	销售占比	库存数量	库存占比	陈列面积	陈列占比
篮球	140	0.9%	230	17.8%	13m²	12.6%
足球+综训	846	5.3%	236	18.3%	20m²	19.4%
故事+基础	4970	31.1%	421	32.5%	20m²	19.4%
女子	销售金额	销售占比	库存数量	库存占比	陈列面积	陈列占比
综训	3840	24%	100	7.7%	37m²	36%
故事+基础	6196	38.7%	306	23.7%	13m²	12.6%

四、商圈的目标消费群体

不同的商圈业态由不同的目标消费群体构成，这就决定了顾客群体对商品需求存在差异化。在做系列商品店铺出样时，需要分析该商圈由哪些顾客群体构成，哪些群体是品牌的目标顾客群体。比如某核心商圈主要由商业区与办公区构成，目标顾客群体都是社会的精英阶层，这类人群对时尚的敏感度较高、商品价格的敏感度却较弱。那么店铺的重点区域商品出样可以提高商品的价格带及款式的时尚度，与目标顾客群体的特点同步。同样，如果某男装品牌店铺的主要客流是年龄偏向中年的职业男性，则应当减少时尚休闲男装品类的占比，而将正装和商务装在重点的区域推荐。在一个城市不同的商圈有不同商业定位，由不同的顾客群体构成（表4-7）。

表4-7 不同商圈定位由不同的顾客群体构成

商场名称	东方新天地	汉光百货	百盛购物中心
商圈级别	旅游、商办、娱乐休闲	商办、商住、娱乐休闲	政府办公、住宅、金融、商办
营业面积	12万平方米	4万平方米	3万平方米
主导行业	服装、饮食、旅游业	服装、超市、餐饮	服装、服饰
主要顾客群体	中外游客、白领精英阶层为主	时尚、年轻人群为主	当地工薪阶层为主
竞争状况	竞争少、集客力强	竞争多、集客力强	竞争少、综合性商场集客力一般

五、顾客的购物行为习惯

规划完店铺顾客的动线后，很容易划分店铺的不同区域，根据顾客在店铺的行走路线和浏览范围，该如何布局主题展示区、销售热区及销售冷区三大区域？建议如下。

（1）主题展示区

展示当季的主推系列商品或是当下市场推广的系列商品为主。

（2）销售热区

展示当下销售最好的系列商品或是当季的主推系列商品为主。

（3）销售冷区

展示主题区和销售热区已销售过一段时间的系列商品或是促销折扣的系列商品为主。

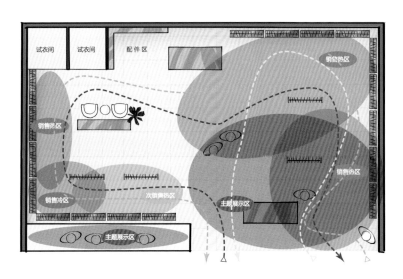

图4-7 店铺不同区域的分布图

按着三个主要区域，可以对店铺做如图4-7所示的顾客动线规划。

需要说明的是，根据店铺面积有所不同，较小的店铺可能主题区与销售热区为同一区域，面积较大的店铺会不止一个主题或是销售热区等。陈列设计师需要在划分店铺区域时进行每个区域功能的界定。

六、店铺销售周期或商品推广活动

店铺节假日与日常销售面对不同的客流量且顾客的构成也会有所不同，商品布局也会进行及时调整。节假日客流较多的情况下，进店顾客不一定是目标顾客，陈列设计师需要思考此时店铺最佳区域是展示适合目标顾客群体的商品系列，还是展示当下流行的、适合大部分人群的商品系列。此时，首先应明确顾客群体，选择相应的商品系列进行出样，有效地促进销售。

图4-8、图4-9是不同销售周期的店铺布局，常规销售周期由于购买目标顾客更为明确，客流偏少，店铺可以规划让顾客在店铺逗留更长时间的动线，同时货架组合出更多的独立展示单元，使顾客可以慢慢浏览商品。在节假日销售周期，由于进店客流较大且顾客类型较多，店铺动线规划时就会考虑顾客的通过性及方便性，此时货架的组合也会采取集中式利用，以更大的独立陈列面积来展示更丰富的商品品类来吸引顾客。

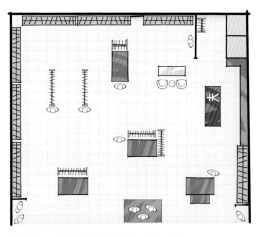

图4-8 常规销售周期的店铺布局

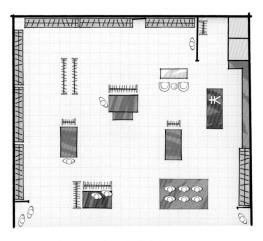

图4-9 节假日周期的店铺布局

七、季节及当地天气状况

服装时尚类商品受季节性和天气状况影响较大，有时天气会决定顾客的购买力，陈列设计师在做店铺商品陈列规划时，除了了解目前商品与季节的同步性，还应学会对天气状况进行收集和分析，根据气候及天气变化对人体舒适度的影响来调整商品（表4-8）。

例如：2013年度在我国南方是一个暖冬的季节，某女装品牌羽绒服品类的商品销售状况不理想，而大衣类商品比较畅销，此时店铺的主题区规划的主推商品应及时调整为以大衣为核心品类来陈列。

如果能够分析出季节和天气的变化，可在在适当的天气展示合适的商品，这样可以促进商品的销售。当最高气温或最低气温达到某种状态时，人体就会感觉到气候的变化。就服装企业来看，店铺时刻要针对天气变化进行商品的陈列调整。

表4-8　一年四季不同气温与人体感官、商品类别对照表

季节	平均气温	最高气温	身体感觉	穿着服装类别	时间段
春	9℃	11℃	变得非常暖和	长袖 单薄	3月下旬
	15℃		变暖	长袖 单薄	4月下旬
初夏	18℃	20℃	舒适的气温	5分袖	5月下旬
	21℃		温暖的气温	5分袖	6月中旬
	24℃		变热	无袖	7月上旬
盛夏	27℃	25℃	非常热	无袖	7月下旬
	24℃		还有些热	无袖	9月中旬
	21℃		舒服一些勒	五分袖	9月下旬
秋	18℃	20℃	凉快了	长袖	10月上旬
	15℃		秋高气爽	长袖	10月中旬
	12℃		有些冷了	防寒	11月中旬
正冬	6℃	11℃	非常冷	防寒	12月下旬
	3℃		特别冷	防寒	1月上旬

关于季节和天气状况的分析可以从下面两个方面进行。

（1）专业气象网站天气数据查询

专业的气象网站一般可以提供所在城市7~15天的天气预报。

（2）根据天气历史数据分析气候规律

根据气象网站历年同期天气数据查询，进行规律性的总结，规划出在未来10~15天时间内与天气状况相吻合的系列商品划分区域及展示建议，见表4-9。

表4-9　中国天气网（http://www-weather-com-cn）

第三节
陈列关键数据分析

陈列数据化管理是指运用分析工具对客观、真实的数据进行科学分析，并将分析结果运用到陈列工作各个环节中去的一种管理方法。陈列数据化管理既是一个过程，更是陈列管理的有效工具。陈列设计师应客观、真实地进行数据收集、整理、分析及应用，在店铺陈列规划中做有效的参考与指导。

陈列设计师的工作思维是理性分析和感性表达的过程，商品数据是陈列规划中最为重要的依据，以整体数据为导向才能使商品规划从合适时间、合适地点（空间和区域等）、合适的陈列手法展示合适的商品给目标顾客，转化到正确的销售时间、精确的销售空间、合理的陈列手法，这样才能展示正确的商品给目标顾客。给予商品销售最大化的可能及推动业绩的保证。商品的内容、数量、销售时间、陈列位置等因素，都可以具体地引申出与商品计划和销售计划直接相关的量化因素。即店铺陈列规划可以具体化为销售计划的一部分，以数据形式来呈现。

一、店铺运营四大基础数据群

作为陈列设计师必须了解店铺零售的四大基础数据群，见表4-10。

表4-10　店铺运营四大数据群

陈列规划基础参考数据			
库存数据	订货数据	销售数据	运营数据
库存量/额	订货量/额	销售量	年/月销售计划
库存占比	订货占比	销售额	季节变动指数
库存对比	订货排名	销售占比	卖场坪效
存销比		销售对比	卖场人效
库存周转率		售罄率	
库存周转日数		进店率	
		成交率	
		客单价	
		客单数	
		件单价	

1.库存数据

（1）库存量

库存量是指某个时段，库存商品的SKU商品件数。

（2）库存额

库存额是指某个时段，库存商品的现金价值总额。

（3）库存占比

库存占比是指某个时段，某个品类的商品库存金额与库存商品总额之间的比例。

（4）存销比

存销比是指在一个周期内，商品平均库存或本周期期末库存与周期内总销售的比值，是用来反映商品即时库存状况的相对数。存销比=（期初库存＋期末库存）/2/当季销售金额。

（5）库存对比

库存对比是指某个时段，某个品类商品的同比与环比。

（6）库存周转率

库存周转率是指一定时期销售商品成本与平均库存商品余额的比率。库存周转率=出库金额/库存金额。

（7）库存周转日数

库存周转日数是指企业从取得商品入库开始，至消耗、销售为止所经历的天数，库存周转日数=365/库存周转率。

2.订货数据

（1）订货量

订货量是指某期商品订购的数量，以SKU量和件数为表示。

（2）订货额

订货额是指某期商品订购的现金额，以货币为表示。

（3）订货占比

订货占比是指某个品类的商品订货金额占比或数量占比。

（4）大类排名

根据某大类商品的订货金额与期货订货总金额的占比数据，进行从高到低的优先排序。

（5）小类排名

根据某款商品的订货金额与该商品所属大类商品的订货总金额的占比数据，进行从高到低的优先排序。

3.销售数据

（1）销售量

销售量是指某段时期商品售出的数量，以SKU件数为表示。

（2）销售额

销售额是指某段时期商品销售的现金额，以货币为表示。

（3）销售占比

销售占比是指某段时期，某个品类的商品售出的数量或金额，与销售总量或总额的比例。

（4）销售对比

销售对比是指某两个以上的数据进行同比或环比的比较。

（5）金额售罄率

金额售罄率是指某段时期，某个SKU的商品售出的金额与该SKU订货总额的比例（反映毛利回报速度）。

（6）数量售罄率

数量售罄率是指某段时期，某个SKU的商品售出的数量与该SKU订货总数的比例（反映商品消化速度）。

（7）进店率

进店率是指在单位时间内，从店铺门口经过的客流量与进入店铺内的客流量的比率。

（8）成交率

成交率是指单位时间内的成交笔数除以单位时间段内的进店人数，就等于成交比率，简称成交率。

（9）客单价

客单价是指每一位顾客平均购买商品金额。

（10）件单价

件单价是指一段时间内所有销售商品的平均单价。件单件=一天（段）时间销售额/售出商品的件数。

（11）客单数

客单数是指在一定时间内顾客完成的购买交易笔数。客单数（连单率）＝单位时间内销售总件数/销售额单总数。

4.营运数据

（1）季节变动指数

季节变动指数是指预测目标季节或某月受季节变动因素影响发生变动的比例。

（2）店铺坪效

店铺坪效是指每坪的面积可以产出多少营业额，坪效=销售额/店铺总坪数。

（3）店铺人效

店铺人效是指店铺定编人数和营业额之间的关系，平均每个销售人员的销售金额，人效=销售额/店铺在编人数。

做陈列规划要分析整体的数据，店铺零售的四大数据群作为基础数据，每一项对陈列工作都有指导意义，不同的店铺定位、时间节点对数据要求的侧重点不一样。比如在换季前，陈列设计师会非常关注当季商品的库存数据及售罄率，通过陈列规划进一步帮助店铺消化库存，来提高商品的销售速度。在新品的导入期陈列设计师会关注商品的订货量（额）及商品品类的订货排名数据，找出订货量（额）较大及订货排名靠前的商品做为主力商品，以在准确的时间节点里把商品展示在重点的区域。

二、陈列数据分析方法

在众多的数据分析方法中，推荐"点→线→面"立体数据分析方法来做陈列数据分析（引自《数据化管理》黄成明 著），主要目的是防止陈列设计师分析数据时过于片面，不看整体的数据值，从而影响数据结论的准确性。

点---线---面立体数据分析法：

点：代表着某个时间节点的某个数据指标值。

线：这个点数据值的纵向深度或横向对比相关联的数据值。

面：是指这个点数据值的上一级或上几级对象的数据值。

例如，我们得知某店铺8月份的顾客试穿率是25%（点）。光看这个数据不能有太多的判断。还需要看8月份的不同时段的试穿率；试穿顾客群体比例的构成；顾客试穿的平均件数等数据值（线），最后我们还要看店铺在8月份的客流量及进店率（面），最终达到评估25%这个数据值的准确性，以及对店铺带来的影响。

在做店铺数据分析时，要掌握以下三点。

1.首先要了解各项数据的标准参考值

每家公司零售部门都会对各项数据进行标准参考值的设定，陈列设计师一定要了解这些标准参考值作为数据分析时的对比重要依据之一，数据没有可对比性就不存在数据分析。比如某女装品牌对A类店铺的要求为平均客单数为2.3，平均件单价为1200元，平均成交率为30%。

2.其次要看异常值较大的数据

在看异常值较大的数据，首先要排除数据来源计算错误的可能。做异常数据分析时应注意做数据的环比，异常值是持续性的还是偶发性的，比如在分析月数据时，如果商品的某项数据正常，但其中几天有偶发性的异常数据，要分析具体产生的原因，是否这几天刚好是个节假日、品牌会员日等，该数据就不具备常规数据属性，要另行分析。

3.数据之间的关联性

要看各数据之间的关联性，学会做立体数据分析，来发现问题、分析问题及解决问题。在日常数据分析中，有时分析单个数据并不能反映店铺零售问题所在，需要分析关联数据。比如某女装品牌店铺某一月度的平均客单价是1000元，平均客单数是2.1，该品牌的商品主力价格带是800~1200元，平均件单价为1000/2.1=476元。分析此案例，这个品牌零售标准值中的客单数较高，但是件单价却较低，不在商品的主力价格带上，即便客单数再高，也不能推动业绩的明显增长。

第四节
陈列绩效关键数据提升策略

一家店铺最终陈列规划工作成效如何？站在数据衡量的角度我们通常情况下会从下面五个陈列关键数据进行体现，那就是进店率、试穿率、售罄率、客单数、件单价。

一、进店率

日常进店的未必都是目标顾客，要以目标顾客进店人数为基准才能计算出更为精确的进店率。例如，某女装品牌店铺，普通工作日平均一天的客流人数为360人，进店人数为180人，其中有效顾客占进店人数的90%，本店有效的进店率为45%，而不是50%（进店率=180×0.9/360=0.45），如果更严格的测算，还要分开统计进店顾客的年龄层、顾客类型等。一般认为有效的进店率是目标顾客走进店铺，但未必认为这是顾客的有效进店行为。一个顾客被橱窗吸引并驻足观看，在店铺入口浏览，关注商品区域，观察目标重点商品，这才是一次完整并有效的进店行为体现。但根据顾客的购物习惯不同，很难如此完整。这就对陈列设计师工作提出整体的思路要求，店铺橱窗、店铺入口及店内区域、重点出样商品的销售思路保持一致，有计划地进行引导与提示顾客浏览商品。

保持顾客有效的进店率及有效的进店行为（图4-10），才能对店铺业绩有力地推动。提高顾客进店率的途径无非是增加新顾客的进店率及提高老顾客的回头率。陈列设计师要思考的问题是新顾客为什么进店？是品牌的知名度还是店铺橱窗的吸引力？老顾客再次购买的忠诚度如何培养？是商品的品质不错还是店铺的购物氛围很好？如何才能提高进店率呢？站在陈列规划的角度考虑会提高进店率的对策如下。

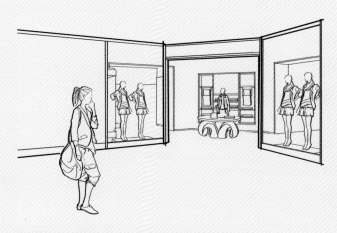

图4-10　保持顾客有效的进店率及有效的进店行为

图4-11 Desigual店铺的戏剧化装饰照明

1.店铺的灯光氛围规划

出色的店铺照明设计能够给顾客创造愉悦的心情（图4-11）。灯光是否有氛围？重点照明与环境照明是否主次分明？是否利用灯光照明将出样重点商品衬托得更有魅力？这些问题与进店率息息相关，Desigual店铺左边的戏剧化装饰照明，使空间变得更加夺目，以吸引顾客走进店铺。

2.明确店铺入口及顾客动线

图4-12是Erdos的男装店铺，主入口朝向为主客流方向，入口通道宽敞并且能让顾客在第一时间意识到。

3.明确目标顾客群体

如果陈列商品与当地城市目标人群着装风格或流行趋势相同步，更容易引起顾客兴趣，这是顾客消费的从众与追随潮流的心理，在中小城市尤为突出。图4-13为东京表参道Juge的女装店铺。

图4-12　Erdos男装店铺

图4-13　东京表参道Juge 女装店铺

4.有吸引力的店铺橱窗规划

　　店铺的橱窗是否使顾客目光停留产生情感共鸣，陈列规划的色彩、灯光、故事氛围等因素都是至关重要的，图4-14和图4-15是巴黎Avenue des Champs-Élysées的Benetton（贝纳通）店铺的夏季橱窗，运用了彩色纱线构成椰子树与模特的商品色彩相呼应，顾客首先会被强烈的色彩对比而吸引，走近看更会被其中的趣味围绕，对店内产生好奇从而走进店铺一探究竟。

5.店铺货架的整体规划

　　店铺整体货架规划是否错落有序？货架之间的商品是否有呼应？这些都会决定顾客进店的可能。东京银座Epoca女装店铺（图4-16）的整体货架由低到高地排列，店铺入口处利用高度较低的展示台和坐模，中间区域选择高度适中的中岛货架和展示桌，直到内部运用靠墙货架和站模进行依次展示。

图4-14 巴黎Avenue des Champs-Élysées 的Benetton店铺夏季橱窗1

图4-15 巴黎Avenue des Champs-Élysées 的Benetton店铺夏季橱窗2

图4-16 东京银座Epoca女装店铺

图4 17 伦敦Topshop店铺的主题区

6.主题区域的规划

商品的广度与宽度有多种形式的货架组合（比如模特、展示台、靠墙货架等综合运用），让顾客在未进入店铺之前，对商品风格有了整体性的了解，然后再对主题区的视觉重点做出规划。图4-17为伦敦Topshop店铺的主题区。

7.清洁整齐的店铺形象

图4-18是Ralph Lauren店铺整洁有序的陈列形象。店铺要环境卫生保持整洁明亮，商品陈列维护整齐有序。舒适的空间环境本身就会给顾客倍添好感，整洁代表着一个品牌的品质与价值。

图4-18　纽约Ralph Lauren店铺整洁有序的区域规划

二、试穿率

随着零售业的精细化管理趋势，试穿率越来越受零售商的重视，通过试穿率可以更深层次地了解顾客的购买行为及商品适应市场的准确性。试穿率的高低直接影响成交率，当顾客走进店铺后，首先要想尽一切办法留住顾客来提高试穿率。在店铺中顾客视线的流动是反复多次的，顾客在店铺视觉点浏览商品时间越长，停留的时间就会增加，获得的信息量就越多，反之停留的时间越少，信息获取量也就越少。陈列设计师需要在店铺创造更多的视觉焦点，这样产生试穿的概率就会越大。如何才能提高试穿率？提高试穿率的陈列规划对策如下。

1.店铺橱窗的商品展示

店铺橱窗模特商品的陈列手法要丰富，模特之间要有互动性，并能体现时尚度及搭配性，吸引顾客试穿的欲望（图4-19）。

图4-19 橱窗模特之间的互动，增加了戏剧化的视觉效应

图4-20 东京表参道Tommy Hilfiger店铺的VP陈列

2.店铺VP及PP的设置

图4-20是来自东京表参道Tommy Hilfiger店铺的VP陈列。为了提高顾客的试穿率，店铺区域里的VP或PP展示要体现故事性及生动性。

3.商品的模特出样

模特出样的商品应是当下流行的商品或是具有品牌特色的主力商品，以提升顾客的新鲜感和试穿欲望。图4-21为巴黎Blugirl女装店铺，精致的印花是Blugirl女装商品的主要卖点之一。

图4-21 巴黎Blugirl女装店铺的橱窗模特组合

4.重点商品的灯光照明规划

重点出样的商品需要重点的照明方式，才会吸引顾客的目光，进而试穿并购买（图4-22）。

5.生动有趣的陈列手法

商品的陈列手法生动有趣，也同样会提升顾客对商品的关注。图4-23为Miu Miu店铺生动的模特整体展示。

图4-22 店铺重点出样的商品需要重点照明方式

图4-23　Miu Miu店铺橱窗的模特展示

三、售罄率

　　售罄率反映着商品的销售速度和库存状况。售罄率排名靠前的商品一般就是畅销商品，一直落在最后的则是滞销商品。如果滞销商品库存量大，则要考虑调整店铺陈列策略，进行必要的促销。售罄率要精确到SKU的货号，并且精确到尺码全部销售的情况。其目的是为了明确店铺的重点商品是否有相应的销售表现，每一个SKU的表现如何？滞销的原因是在尺码还是款色组合？是否存在孤品？这些疑惑的解答可以直接保证陈列工作的方向清晰——即配合店铺的商品策略和销售计划。如何才能提高店铺的售罄率呢？站在陈列规划的角度提高售罄率的对策如下。

1.商品陈列展示与生命周期的时间节点保持一致

　　商品生命周期是陈列时间规划的重要依据之一，陈列时需要了解每一款商品的生命周期，再根据商品订货的广度、宽度及深度（图4-24），在合理时间及位置做展示，如果是主推的重点新品，应第一时间出样，以增加商品的售出概率。

商品的广度、宽度、深度三个概念，这三个概念包含了商品的所有组合信息，也是商品计划的出发点。

广度：商品品类多样性、丰富性。

宽度：某一具体品类款式、颜色、面料的丰富性（sku数）。

深度：某个具体款色某个尺码可供数量（单个sku量）。

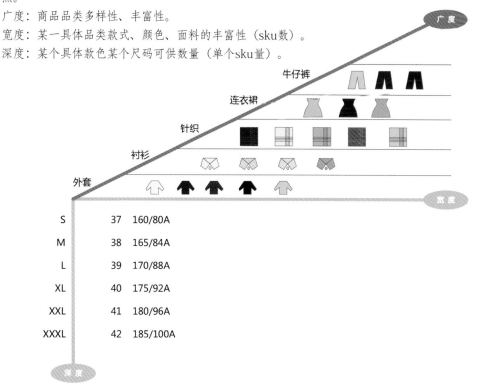

图4-24　商品三维度示意图

　　图4-25为纽约Tara　Jarmon女装店铺，季节感十足的秋装商品在初秋期间的整体陈列展示醒目且有章法。

2.店铺PP、IP陈列的生产力分析

　　不同的陈列区域，商品的售出概率不同，需要对店铺陈列空间的生产力进行长期统计与分析，找出最有价值的陈列空间。图4-26为Maxmara店铺的春装商品陈列展示。

图4-25　纽约Tara Jarmon女装店铺

图4-26　Maxmara店铺的春装商品陈列展示

图4-27　巴黎Le Marais区Maje女装店铺1

图4-28　巴黎Le Marais区Maje女装店铺2

图4-29　Louis Vuitton（路易威登）店内模特组合展示

3.畅销或主力商品的重复展示

如果是一款畅销或主力的商品，应给更多的陈列空间在店铺展示，以增加畅销商品给顾客看到的概率及售出的可能性。图4-27和图4-28为巴黎Le Marais区Maje女装店铺，主推的机车夹克在不同的陈列空间里重复的重点展示。

4.商品完整的组合搭配

有效地进行商品完整搭配，做搭配的商品在模特展示、销售人员的推荐下都会增加售出的可能性。图4-29为纽约Louis Vuitton（路易威登）店内模特组合，如顾客的日常穿衣习惯一样，通过完整的商品搭配来吸引进店的顾客。

5.商品集中式的促销陈列展示

店铺进行商品促销时，打折的商品采用集中式陈列，促销的商品售出概率也会进一步提升（图4-30）。

四、客单数

在零售业的指标中，客单数是最重要的指标之一，客单数能反映顾客所购买商品的广度和深度。如何才能提高客单数？站在陈列规划的角度会提高客单数的对策如下。

1.商品主题的完整展示

店铺靠墙货架商品的组合，要按照商品主题展开，体现商品的整体组合搭配。以体现商品的故事性，不让顾客孤立地去选择某一件商品（图4-31）。

2.模特展示商品搭配的完整性

模特展示的商品，必须做整体性的搭配，这是陈列技巧方面对客单数提升最有效的方法之一。图4-32为巴黎Patrizia pepe男装店橱窗模特搭配。

图4-30　促销商品的集中式陈列

图4-31　靠墙货架主题商品的组合陈列

图4-32　巴黎Patrizia pepe男装橱窗模特搭配

图4-33　店铺商品正面展示的搭配组合　　　　图4-34　店铺商品侧挂出样的搭配组合

3.正面商品展示的搭配

店铺商品做正面点挂展示，在秋冬时要进行完整搭配，夏季如果是单品与相邻货架的商品也要有搭配的概念（图4-33）。

4.IP侧挂商品展示的系列性

侧挂商品出样同样要遵循搭配的概念，就像一个人或是两个人的穿衣组合，前后的商品有着必然的故事链接，无论是销售顾问还是顾客，拿出来搭配都会是最好的搭配效果（图4-34）。

5.上市新品的及时展示

上市新品要及时做重点展示。其一，商品上市及时展示会给顾客多一个选择；其二，利用顾客购买新品的机会，增加其他促销商品的客单数机会。

6.商品二次组合搭配技巧

根据顾客在同一商圈的购买频率习惯，商品在成熟期进行二次组合搭配，给予顾客新鲜感同时，也会增加客单数的机会。

五、件单价

商品的件单价是客单价的重要组成部分，店铺的平均件单价反映商品的售出价值、商圈顾客群体的特点及销售人员的销售技巧等。如何才能提高件单价呢？站在陈列规划的角度会提高件单价的对策如下。

1.高价值商品的重点出样

重点分析高价值商品卖点，在最好的销售时机及店铺最佳位置进行重点展示，如冬季的皮衣、皮草等商品（图4-35）。

2.店铺商品价格带合理的分布

根据店铺的所在商圈位置及目标顾客群体的特点，了解商品结构和配制，分析商品价格带是否合理（图4-36）。

图4-35　店铺高价值商品的陈列展示

图4-36　店铺商品价格定位与商圈目标顾客之间的关系

3.以主力商品为核心的整体搭配展示

巴黎Stefano Ricci高级男装店铺橱窗，通过商品的整体搭配出样，以大量配饰类做衬托，更具体化地展示模特身上的商品，以突出主力商品的价值感（图4-37）。

店铺好的业绩来自整体数据的提升，只看单项数据的提升，业绩很难有保证，整体零售数据稳定并持续增长的店铺才能充满竞争力，陈列设计作为一个服务部门，应通过跨部门的有效团队合作，使陈列规划工作与其他相关部门及市场现状保持同步，一起努力做到每项数据的提升，最终达到店铺的经营目标。

图4-37　巴黎 Stefano Ricci
高级男装店铺橱窗

第五章
陈列手法
构成与技巧

陈列规划工作最终的表现形式是通过陈列手法来体现的。陈列手法是指根据顾客的购物行为、商品的卖点、货架的特性等综合因素进行有一定规律性的不同视觉化表达形式，赋予店铺整体视觉展示的秩序感与美观性。在通常情况下陈列设计师会结合商品的特点、不同货架的形态、商品展示的位置等因素选择适当的陈列手法进行展示，陈列手法是通过陈列构成和陈列技巧来实现。

第一节
陈列构成

陈列构成形式主要有水平构成、垂直构成、倾斜构成、放射状构成、三角构成等。

一、水平构成

顾客在观看商品时都会习惯性作水平浏览，水平浏览的视野范围较宽，可以看到更多的陈列面及商品内容，但浏览速度较快。水平构成处在顾客视平线的位置是最有吸引力的，更容易引起顾客的关注（图5-1）。

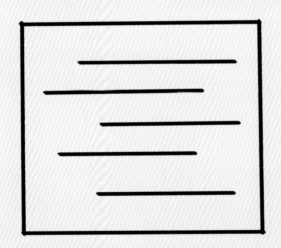

图5-1　水平构成

图5-2所示的是巴黎Benetton（贝纳通）的店铺。展示台上同品类、同款式的商品按水平陈列，有利于顾客的浏览与选择。

图5-3是巴黎Church's男装集合店的鞋类陈列，每一层货架运用水平陈列来展示商品，特别值得一提的是每一层水平的排列手法都有所变化，让顾客在浏览时视觉不再单调。

图5-2 巴黎Benetton（贝纳通）店铺

图5-3 巴黎Church's男装集合店

二、垂直构成

　　在做相关联商品规划时，为引起顾客的关注，商品陈列规划进行垂直构成，使顾客浏览商品的速度比水平构成慢，视线会做短暂的停留，可以看到商品更多的内容（图5-4）。

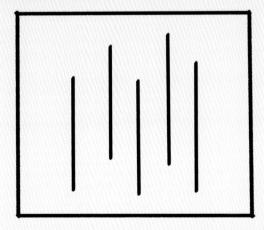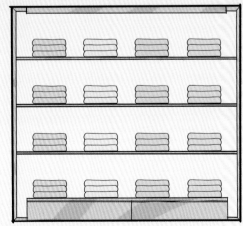

图5-4 垂直构成

图5-5　伦敦John Lewis店铺

图5-5是伦敦 John Lewis店铺的陈列，同色系的组合性商品进行垂直陈列，更容易让顾客看到商品之间的关联性，也是提升客单数的关键因素之一。

图5-6　纽约Zara店铺

图5-6是纽约的Zara店铺。靠墙货架中间部分的商品群除了丰富的色彩外，还运用了垂直陈列，让商品的搭配一目了然。

三、斜线构成

当商品做斜线构成时，与水平、垂直构成相比，斜线打破了视觉习惯，更具变化性，商品展示的卖点更容易被关注，从而提高顾客目光停留的时间（图5-7）。

图5-8是巴黎的Louis　Vuitton（路易威登）店铺。陈列由关注度较高的斜线构成，让鞋品陈列具有了生动感，给予顾客更多的想象空间。

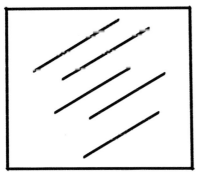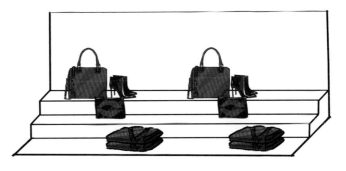

图5-7 斜线构成

图5-8 巴黎Louis Vuitton（路易威登）店铺

四、放射状构成

放射状构成能表现商品的量感，通过款式、色彩等构成的运用，可以表现出造型的趣味，从而形成顾客关注，在展示台等载体运用具有比较好的视觉效果（图5-9）。

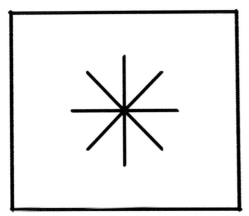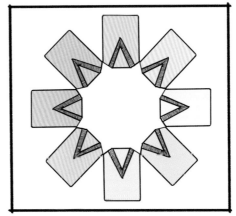

图5-9 放射状构成

图5-10　Ralph Lauren（拉尔夫·劳伦）店铺

图5-11　东京银座Tod's店铺

图5-10左右分别是Ralph Lauren(拉尔夫·劳伦)店铺的入口展示台与内部区域展示台的商品陈列，商品通过展示台放射状的构成,使同款或类似款式的商品给予顾客更多的选择。

图5-11是东京银座Tod's店铺的鞋品陈列。Tod's经典的鞋品放射状构成，繁多的色彩与有趣的造型容易在店铺区域内形成视觉焦点。

五、三角构成

在几何学里三点即可决定一个平面，三角形可构成稳定的平面，具有很强的平衡感和安全感，三角形的这一特征使它成为服装陈列构成中运用最为广泛的表现方式之一。三角构成主要分为正三角构成、倒三角构成及不等边三角构成。在视觉上传递着或稳定、或动感、或优雅等商品展示效果，在不同陈列设计主题、不同商品风格所采用的三角构成是不同的。

1.正三角构成

正三角构成是对称的构成方法，具有完全的均衡和稳定的视觉效果，适合在橱窗、靠墙货架、展示台等载体运用（图5-12）。正三角构成可以展示组合性的商品，或展示同品类款式的差异，同款式色彩的差异等商品。

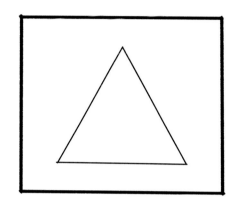

图5-12 正三角构成

2.倒三角构成

倒三角构成传达不稳定、生动的视觉感受，它能表现一种张力和压迫感，使构成的空间画面更富视觉冲击力。倒三角形构成适合在橱窗、展示柜及层板等载体运用，比如在多层层板上，将重点商品置于上层量感较多，而下层量感较少(图5-13)，但在日常陈列手法中倒三角的构成相对使用较少。

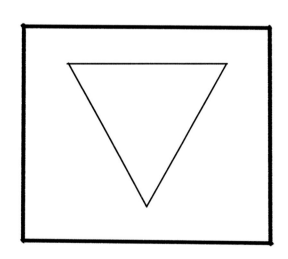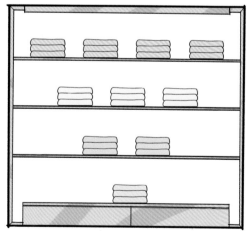

图5-13 倒三角构成

3.不等边三角构成

不等边三角构成通过边长不同的对比，传达静止、优雅的视觉感受，是最常见的三角陈列构成，不等边三角构成适合在橱窗、展台示、货架上层层板等载体运用。不等边三角构成以展示组合性或同系列商品为多（图5-14）。

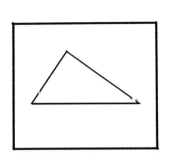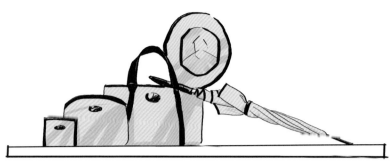

图5-14　不等边三角构成

图5-15是Ralph Lauren（拉尔夫•劳伦）女装店铺橱窗，运用了不等边三角构成陈列手法，模特成为了橱窗的视觉重点，很容易被顾客所关注，讲述着夏日悠闲的度假生活。

图5-16　是Hugo　Boss的店铺，靠墙层板的男装配饰陈列采用了正三角的构成，表现了较好的稳定感且细节又富有变化。

图5-15　Ralph Lauren（拉尔夫•劳伦）女装店铺橱窗　　　图5-16　Hugo Boss店铺

4.三角形的组合构成

组合三角形适合陈列空间较大，且商品数量较多时使用。大小不一、不同类型的三角形可以重复并置，给人轻松活泼的感受，但要注意间隔距离要适当，且要保持适度的空间，若一味强调同形状的三角形排列，会有呆板迟滞的负面感觉。还可以通过陈列道具使展品的组合产生一定的高度变化，充分利用人的视觉流动规律，使整组陈列显得更为立体，更好地吸引顾客愉悦的顺畅走进观看。三角形的组合构成适合作橱窗、展示台等载体运用（图5-17）。

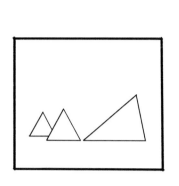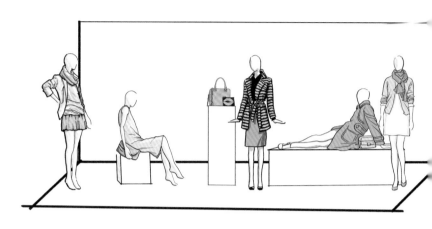

图5-17 三角形的组合构成

图5-18是Vancouver（温哥华）Le Chateau店铺。店铺橱窗多样化的三角构成，充满了秩序感又不失生动性，让丰富的商品得到多维的展示空间。

图5-18 Vancouver（温哥华）Le Chateau店铺

第二节
陈列技巧

陈列技巧主要有留白、对称、群组、对比、呼应、重复、节奏等。

一、留白

留白是指在陈列载体的空间留下相应空白。适度的留白可以表现视觉重点，凸显物体的本身，直接简单的传递信息，以体现商品的价值感（图5-19）。

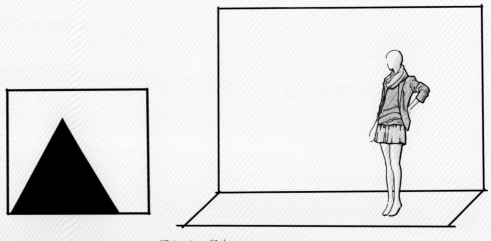

图5-19　留白

在橱窗规划时，会做适度的橱窗空间留白，让视觉有侧重点，以方便顾客的浏览，图中右边模特组是视觉重点，优雅的模特及充满女人味的商品让橱窗传递着女性精致而高贵的生活方式（图5-20）。

图5-20　橱窗空间的留白陈列手法

图5-21是Hugo Boss店铺，展示台陈列较少的SKU商品数量，通过适当的留白有效地传递商品的信息，并体现价值感。

图5-21　Hugo Boss店铺

二、对称

对称是指图形或物体在大小、形状和排列上具有对应的关系，通过不同物体的调和，形成匀称美。色彩、形态等左右对称、大小、色彩均衡地摆放，会给人带来安定感与平衡感，是陈列手法中最基本的构成技巧。对称构成又分为绝对对称与相对对称（图5-22）。

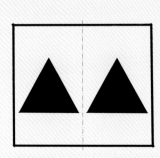

图5-22　对称

图5-23　Hugo Boss店铺

图5-24　东京银座Uniqlo(优衣库)旗舰店

　　图5-23是Hugo Boss的店铺，二楼靠墙货架男西装的展示采用了侧挂对称手法，表现了男正装特有的稳定与庄重感。

　　图5-24是东京银座Uniqlo（优衣库）区域模特组的对称陈列，让视觉有很好的平衡感。

三、群组

　　群组是指对多个物体同时进行相同或近似手法的陈列操作，并成为一个整体，物体被组合后，仍保持其原始属性（图5-25）。

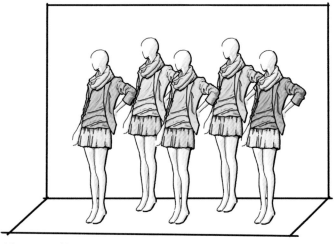

图5-25　群组

图5-26　Zara店铺将模特群组陈列1

图5-27　Zara店铺模特群组陈列2

图5-26、图5-27是Zara店铺将模特群组起来的陈列。展示商品运用强烈的色彩对比或多样化的搭配手法，产生了极强的视觉冲击力，来吸引进店顾客的目光。

图5-28是Topshop店铺圣诞节期间的入口促销期陈列。通过多数量、多层次的模特群组，和丰富的节假日商品展示，预示着一场派对即将开始。

图5-28　伦敦Topshop店铺的模特组陈列

群组陈列技巧的三大法则如下。

（1）群组数量要三个以上物体构成（包含三个）。

（2）群组的物体需要相对独立的空间展示。

（3）群组的物体要完全一致或形态类似，例如，模特群组的商品或完全同款或同一个系列。

四、对比

对比是指为了突出或强调不同物体的差异，将具有明显差异、矛盾和对立的物体（如颜色、形态、线条等）放在一起产生强烈的对比效果。对比陈列的最大好处是通过物体的对比能突出各自的特点。运用陈列对比手法，可以增强顾客对不同商品的识别性，因为对比的手法可以有效地满足顾客对不同商品的比较与认知，增强好奇感（图5-29）。

图5-29　对比

图5-30　巴黎Nina ricci店铺的橱窗模特陈列

图5-30是巴黎Nina ricci店铺的橱窗模特陈列，橱窗坐模与站模在形态上的对比，产生了视觉的落差，很好地凸显各自商品的卖点。

图5-31是伦敦Burberry店铺，陈列在展示台、中岛架、模特组等货架载体上的同系列商品，在色彩规划上形成了既对比又呼应的关系，塑造了很好的整体商品氛围。

图5-31　伦敦Burberry店铺的店内陈列

图5-32是巴黎Kenzo店铺内商品色彩强烈的对比手法，顾客在浏览商品时自然而然地会被吸引。

图5-32　巴黎 Kenzo店铺的店内陈列

五、呼应

呼应是指空间中物体之间要有一定的联系，可以利用光影、色彩、形态、图案等元素，使物体形成对应关系，使空间构成达到均衡、和谐的画面效果（图5-33）。

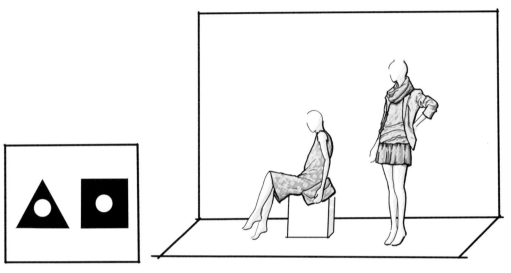

图5-33　呼应

图5-34是巴黎Ermenegildo　Zegna店铺橱窗，整体展示同系列商品的两组模特，在商品主色调上每组又各自相呼应，以保持每组模特的独立性。

图5-34　巴黎 Ermenegildo Zegna店铺橱窗

图5-35是巴黎Avenue Montaigne的Apostrophe店铺，店内入口处模特组与后场侧挂商品都是同系列商品，无论是商品的风格和色彩都形成了呼应关系，来指引顾客的行走路线。

图5-35　巴黎Avenue Montaigne的Apostrophe店铺

图5-36是巴黎Givenchy店铺的橱窗，商品图案是橱窗设计常用的物体之一，模特身上的商品图案与橱窗背景冲浪板道具的图案形成了呼应关系，让橱窗变得整体性更强。

图5-36　巴黎Givenchy店铺的橱窗陈列

六、重复

重复是指同样的物体再次出现，按原来的样子再次排列，重复陈列手法会通过有规律性的特点，来吸引顾客对商品的注意力（图5-37）。重复陈列手法主要可分为色彩重复、数量重复、形态重复等。

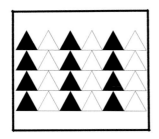

图5-37　重复

图5-38是巴黎Boulevard　Saint-Germain的RalphLauren（拉尔夫•劳伦）旗舰店三楼的男装区域，靠墙货柜衬衫与毛衣的叠装采用了重复的展示手法，传递商品的组合搭配与SKU宽度。

图5-38　巴黎RalphLauren（拉尔夫•劳伦）旗舰店

图5-39是巴黎Ermenegildo Zeqna店铺，每个橱窗模特组有规律的排列，这种交替循环的重复展示手法，给予顾客目光停留的理由。

图5-39　巴黎Ermenegildo Zegna店铺

七、节奏

节奏是指用反复、对应等形式把各种物体（如色彩、长短、高低等）加以组织，构成前后连贯的视觉表现方法。节奏的产生是在应用对称、重复与等手法上形成的，增强店铺及商品的动感，从而使得顾客的视觉有变化，不再单调（图5-40）。

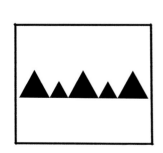

图5-40　节奏

125

图5-41　店铺侧挂商品的节奏变化

　　图5-41展示的是店铺货架上侧挂商品色彩及长短量感的节奏变化，给予顾客在浏览商品时，视觉充满了跳跃感。

　　图5-42、图5-43是日本东京新宿Nudie Jeans店铺。一个店铺多种陈列手法的综合运用，使不同卖点的商品充满了魅力，同时也给予顾客吸引力。

　　一个视觉感生动的店铺，陈列手法不是单一地存在的，是多种陈列手法综合运用的结果，陈列设计师必须理解商品的卖点、了解目标顾客购物行为、结合店铺货架及空间环境等，作合适的陈列表现手法设计，给予商品最完美的演绎，能创造出良好的购物视觉氛围，来打动你的目标顾客。

图5-42 日本东京新宿Nudie Jeans店铺1

图5-43 日本东京新宿Nudie Jeans店铺2

第六章
整年12个月
陈列规划
（VM）方案

陈列规划的核心五要素最终是通过陈列实地执行来体现的，据VM体系构成和作者多年的工作实践经验，编写了整年度12个月店铺VM执行计划，更全面地呈现陈列规划的整体实施思路。本章12个月的店铺VM计划相关信息及数据来源于作者所创建品牌的实体店铺，供大家参考。

一、 品牌概况

1.品牌名称

品牌名称为SCHIZZO。

2.品牌类型

品牌类型为快时尚女装。

3.品牌理念

SCHIZZO推崇一种随性自由的时髦穿衣方式，通过创造性的多样化着装搭配，使顾客帅气又不失女人味，并在这两种看似矛盾的需求在商品中和谐并存，充满个性张力，造就了高姿态的低调着装自我体现。给向往表现自身时尚魅力的现代女性提供独立品位的休闲时装文化。

4.目标顾客

SCHIZZO女装以28~35岁心态年轻的女性为核心顾客群体，她们注重时尚流行趋势，对新生事物敏感，并拥强烈的好奇心，而且自己的时装品位有独特的见解。

5.商品风格

商品风格定位为时尚的、活力的、舒适的。

6.价格定位（列出店铺主要品类，不分季节）

T恤：299~599元

衬衫：399~699元

连衣裙：399~799元

外套：599~899元

风衣：899~1999元

毛衣：299~799元

裤装：399~799元

裙装：299~799元

皮衣：1999~3999元

皮草：1999~4999元

配饰：99~499元

7.渠道定位

实体店铺主要位于南方沿海较发达城市的商业区，当地目标顾客有较强的购买力，面积约60~80平方的专卖店为主。

二、SCHIZZO整年 12个月陈列规划（VM）方案

分析SCHIZZO品牌的定位，结合全年12个月的综合因素规划出了整年12个月陈列（VM）方案，详见每一月的具体方案。这些方案实用性和关联性都极强，可以举一反三地应用到实际工作中。

一月 VM计划

季节时间	十二月	一月				二月
		第一周	第二周	第三周	第四周	
气温走势图 (2013)		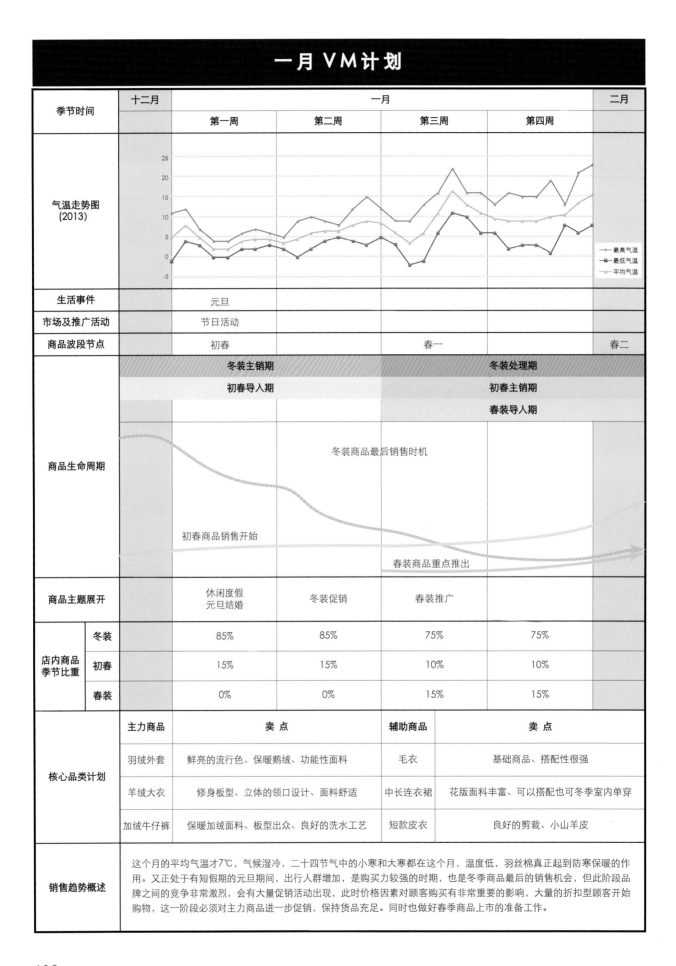				
生活事件		元旦				
市场及推广活动		节日活动				
商品波段节点		初春		春一		春二
商品生命周期		冬装主销期 / 初春导入期 / 冬装商品最后销售时机 / 初春商品销售开始		冬装处理期 / 初春主销期 / 春装导入期 / 春装商品重点推出		
商品主题展开		休闲度假 元旦结婚	冬装促销	春装推广		

店内商品季节比重		第一周	第二周	第三周	第四周
	冬装	85%	85%	75%	75%
	初春	15%	15%	10%	10%
	春装	0%	0%	15%	15%

核心品类计划	主力商品	卖点	辅助商品	卖点
	羽绒外套	鲜亮的流行色、保暖鹅绒、功能性面料	毛衣	基础商品、搭配性很强
	羊绒大衣	修身板型、立体的领口设计、面料舒适	中长连衣裙	花版面料丰富、可以搭配也可冬季室内单穿
	加绒牛仔裤	保暖加绒面料、板型出众、良好的洗水工艺	短款皮衣	良好的剪裁、小山羊皮

销售趋势概述	这个月的平均气温才7℃，气候湿冷，二十四节气中的小寒和大寒都在这个月，温度低，羽丝棉真正起到防寒保暖的作用。又正处于有短假期的元旦期间，出行人群增加，是购买力较强的时期，也是冬季商品最后的销售机会，但此阶段品牌之间的竞争非常激烈，会有大量促销活动出现，此时价格因素对顾客购买有非常重要的影响，大量的折扣型顾客开始购物，这一阶段必须对主力商品进一步促销，保持货品充足。同时也做好春季商品上市的准备工作。

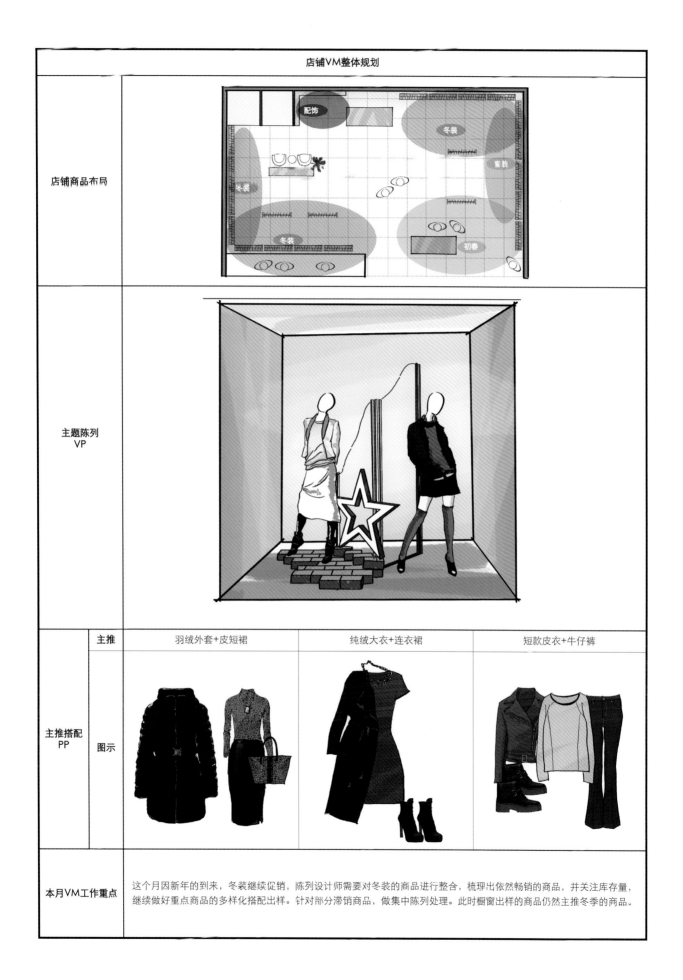

店铺VM整体规划				
店铺商品布局				
主题陈列 VP				
主推搭配 PP	主推	羽绒外套+皮短裙	纯绒大衣+连衣裙	短款皮衣+牛仔裤
	图示			
本月VM工作重点	这个月因新年的到来，冬装继续促销，陈列设计师需要对冬装的商品进行整合，梳理出依然畅销的商品，并关注库存量，继续做好重点商品的多样化搭配出样。针对部分滞销商品，做集中陈列处理。此时橱窗出样的商品仍然主推冬季的商品。			

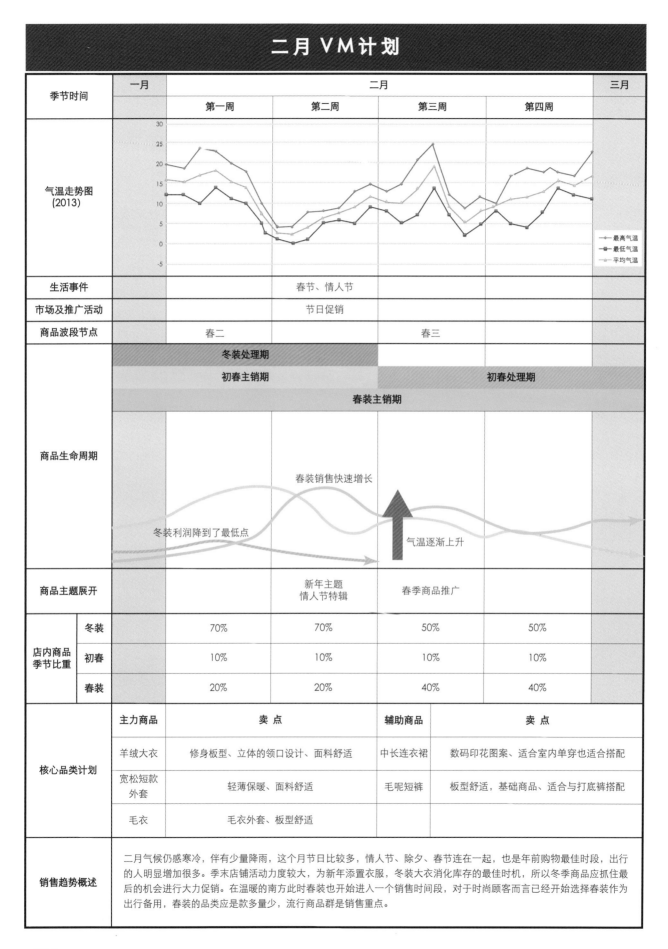

二月 VM计划

季节时间		一月	二月				三月
			第一周	第二周	第三周	第四周	
气温走势图(2013)							
生活事件			春节、情人节				
市场及推广活动			节日促销				
商品波段节点			春二		春三		
商品生命周期			冬装处理期				
			初春主销期		初春处理期		
			春装主销期				
商品主题展开				新年主题 情人节特辑	春季商品推广		
店内商品季节比重	冬装		70%	70%	50%	50%	
	初春		10%	10%	10%	10%	
	春装		20%	20%	40%	40%	

核心品类计划	主力商品	卖点	辅助商品	卖点
	羊绒大衣	修身板型、立体的领口设计、面料舒适	中长连衣裙	数码印花图案、适合室内单穿也适合搭配
	宽松短款外套	轻薄保暖、面料舒适	毛呢短裤	板型舒适，基础商品、适合与打底裤搭配
	毛衣	毛衣外套、板型舒适		

销售趋势概述：二月气候仍感寒冷，伴有少量降雨，这个月节日比较多，情人节、除夕、春节连在一起，也是年前购物最佳时段，出行的人明显增加很多。季末店铺活动力度较大，为新年添置衣服，冬装大衣消化库存的最佳时机，所以冬季商品应抓住最后的机会进行大力促销。在温暖的南方此时春装也开始进入一个销售时间段，对于时尚顾客而言已经开始选择春装作为出行备用，春装的品类应是款多量少，流行商品群是销售重点。

		店铺VM整体规划		
店铺商品布局				
主题陈列 VP				
主推搭配 PP	主推	羊绒大衣+中长款连衣裙	宽松外套+短裙	毛衣+短裙
	图示			
本月VM工作重点		这个月节日很多，上半月我们选择了情人节作为视觉推广的重点，店铺在节日期间VP区和主题区的商品会针对情人节而推出，VP区及POP作重点情人节元素的布置。下半月的重点工作是做好春装的上市视觉推广工作，根据春装商品计划，有计划推出主打的商品系列，在不同的空间区域展开，特别是VP区制造春天的氛围，注意商品与陈列道具、POP、海报的结合运用。		

三月 VM计划

季节时间	二月	三月				四月
		第一周	第二周	第三周	第四周	
气温走势图 (2013)						
生活事件			妇女节			
市场及推广活动			节日促销	春装促销	VIP夏装鉴赏会	
商品波段节点				初夏		

	初春处理期
	春装主销期 春装处理期
	初夏导入期

商品生命周期

春装销售的最佳时机

气温逐渐温暖
但早晚温差大

初夏商品开始导入

商品主题展开		春天物语	郊外旅行	春季促销		
店内商品季节比重	冬装	40%	40%	0%	0%	
	初春	10%	10%	20%	20%	
	春装	50%	50%	55%	55%	
	初夏	0%	0%	25%	25%	

核心品类计划	主力商品	卖 点	辅助商品	卖 点
	针织开衫	板型舒适、适合人群广	印花衬衣	板型修身、可搭配性强、也同样适合室内单穿
	西装外套	当下流行黑白条纹、季节性单品	短裙类	性价比很高的基础短包裙，可搭配性极强
	中长款风衣	板型修身、防风面料		
	牛仔	低腰廓型、轻微水洗		

销售趋势概述	进入三月的江南吹南风，多雾，气温开始慢慢转暖，天气稳定，对春装销售非常有利，但有时候可能会很热，此阶段销售主要以外套与针织为主。以二月流行畅销商品为基础，做出纵深（款少量多）的商品群，不可在实卖期的三月才开始正式找流行趋势，那样只会跟着竞争对手的身后走，应认真制定商品管理计划，掌握住重点。春季的实卖期中长袖商品售罄，后半期就应该转向投放初夏商品。

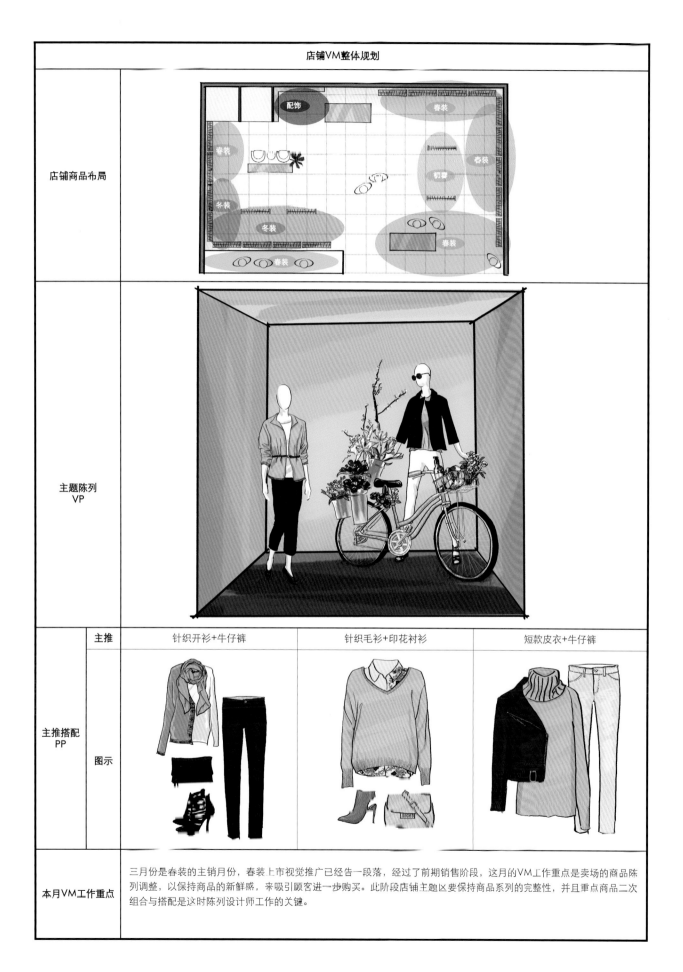

店铺VM整体规划				
店铺商品布局				
主题陈列 VP				
主推搭配 PP	主推	针织开衫+牛仔裤	针织毛衫+印花衬衫	短款皮衣+牛仔裤
	图示			
本月VM工作重点	三月份是春装的主销月份，春装上市视觉推广已经告一段落，经过了前期销售阶段，这月的VM工作重点是卖场的商品陈列调整，以保持商品的新鲜感，来吸引顾客进一步购买。此阶段店铺主题区要保持商品系列的完整性，并且重点商品二次组合与搭配是这时陈列设计师工作的关键。			

四月 VM 计划

季节时间	三月	四月				五月
		第一周	第二周	第三周	第四周	

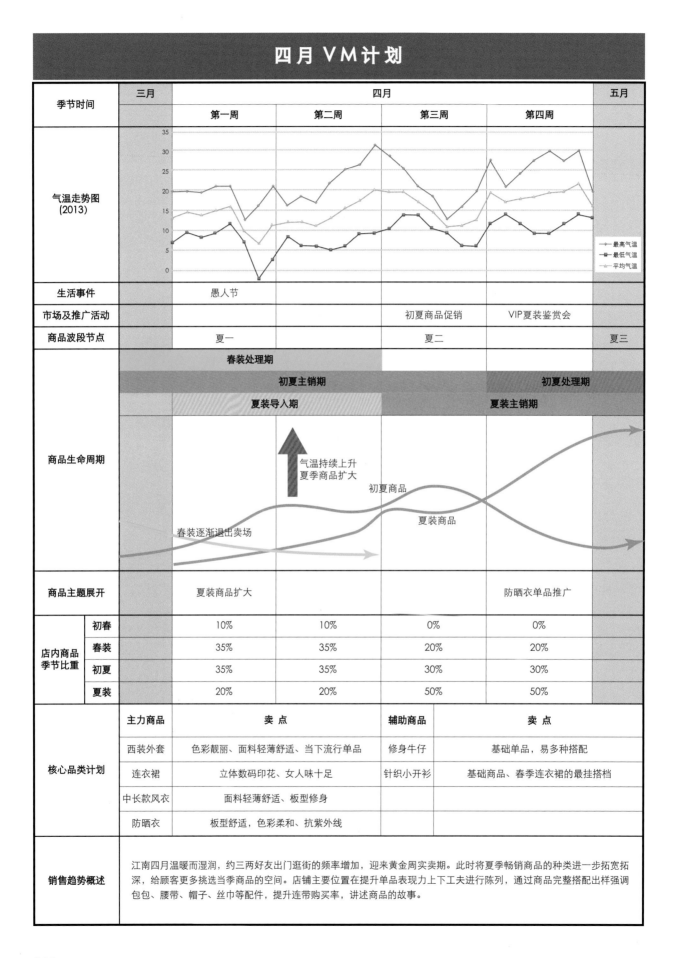

气温走势图 (2013)						
生活事件		愚人节				
市场及推广活动				初夏商品促销	VIP夏装鉴赏会	
商品波段节点		夏一		夏二		夏三
商品生命周期		春装处理期 / 初夏主销期 / 夏装导入期 / 气温持续上升 夏季商品扩大 / 春装逐渐退出卖场 / 初夏商品 / 夏装商品 / 初夏处理期 / 夏装主销期				
商品主题展开		夏装商品扩大		防晒衣单品推广		

店内商品季节比重	初春	10%	10%	0%	0%
	春装	35%	35%	20%	20%
	初夏	35%	35%	30%	30%
	夏装	20%	20%	50%	50%

核心品类计划	主力商品	卖 点	辅助商品	卖 点
	西装外套	色彩靓丽、面料轻薄舒适、当下流行单品	修身牛仔	基础单品，易多种搭配
	连衣裙	立体数码印花、女人味十足	针织小开衫	基础商品、春季连衣裙的最挂搭档
	中长款风衣	面料轻薄舒适、板型修身		
	防晒衣	板型舒适，色彩柔和、抗紫外线		

销售趋势概述	江南四月温暖而湿润，约三两好友出门逛街的频率增加，迎来黄金周实卖期。此时将夏季畅销商品的种类进一步拓宽拓深，给顾客更多挑选当季商品的空间。店铺主要位置在提升单品表现力上下工夫进行陈列，通过商品完整搭配出样强调包包、腰带、帽子、丝巾等配件，提升连带购买率，讲述商品的故事。

店铺VM整体规划				
店铺商品布局	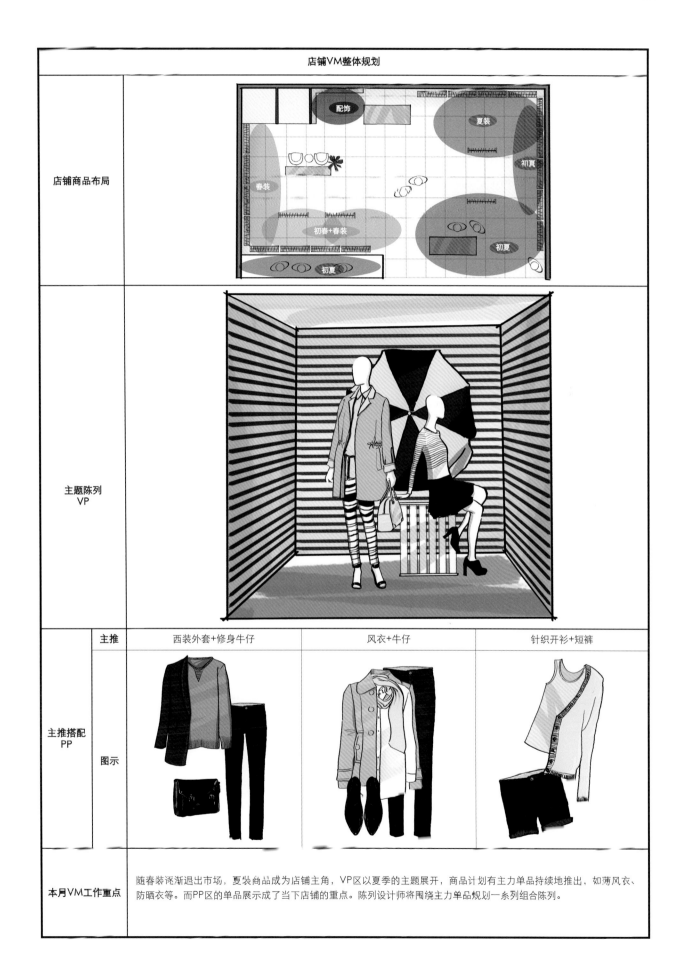			
主题陈列 VP				
主推搭配 PP	主推	西装外套+修身牛仔	风衣+牛仔	针织开衫+短裤
	图示			
本月VM工作重点	随春装逐渐退出市场，夏装商品成为店铺主角，VP区以夏季的主题展开，商品计划有主力单品持续地推出，如薄风衣、防晒衣等。而PP区的单品展示成了当下店铺的重点。陈列设计师将围绕主力单品规划一系列组合陈列。			

五月 VM计划

季节时间	四月	五月				六月
		第一周	第二周	第三周	第四周	
气温走势图(2013)						
生活事件		劳动节		母亲节		
市场及推广活动				夏装商品促销		
商品波段节点		夏三		夏四		夏五
商品生命周期		初夏处理期 / 夏装主销期				
商品主题展开		度假出游		母亲节特辑		

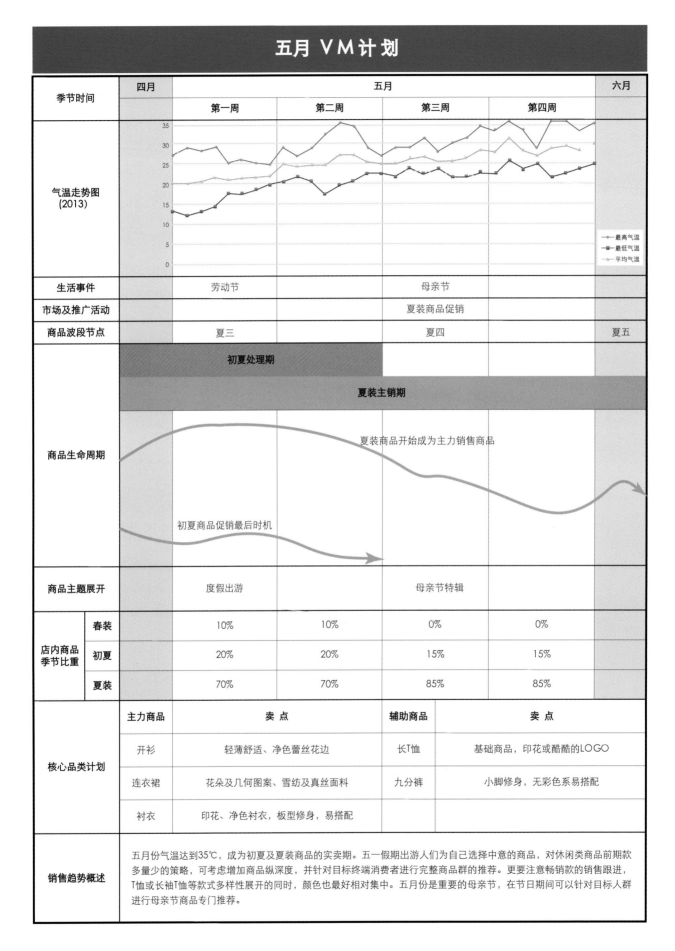

气温走势图图例：最高气温、最低气温、平均气温

商品生命周期：夏装商品开始成为主力销售商品；初夏商品促销最后时机

店内商品季节比重	春装	10%	10%	0%	0%
	初夏	20%	20%	15%	15%
	夏装	70%	70%	85%	85%

核心品类计划	主力商品	卖点	辅助商品	卖点
	开衫	轻薄舒适、净色蕾丝花边	长T恤	基础商品，印花或酷酷的LOGO
	连衣裙	花朵及几何图案、雪纺及真丝面料	九分裤	小脚修身，无彩色系易搭配
	衬衣	印花、净色衬衣，板型修身，易搭配		

销售趋势概述：五月份气温达到35℃，成为初夏及夏装商品的实卖期。五一假期出游人们为自己选择中意的商品，对休闲类商品前期款多量少的策略，可考虑增加商品纵深度，并针对目标终端消费者进行完整商品群的推荐。更要注意畅销款的销售跟进，T恤或长袖T恤等款式多样性展开的同时，颜色也最好相对集中。五月份是重要的母亲节，在节日期间可以针对目标人群进行母亲节商品专门推荐。

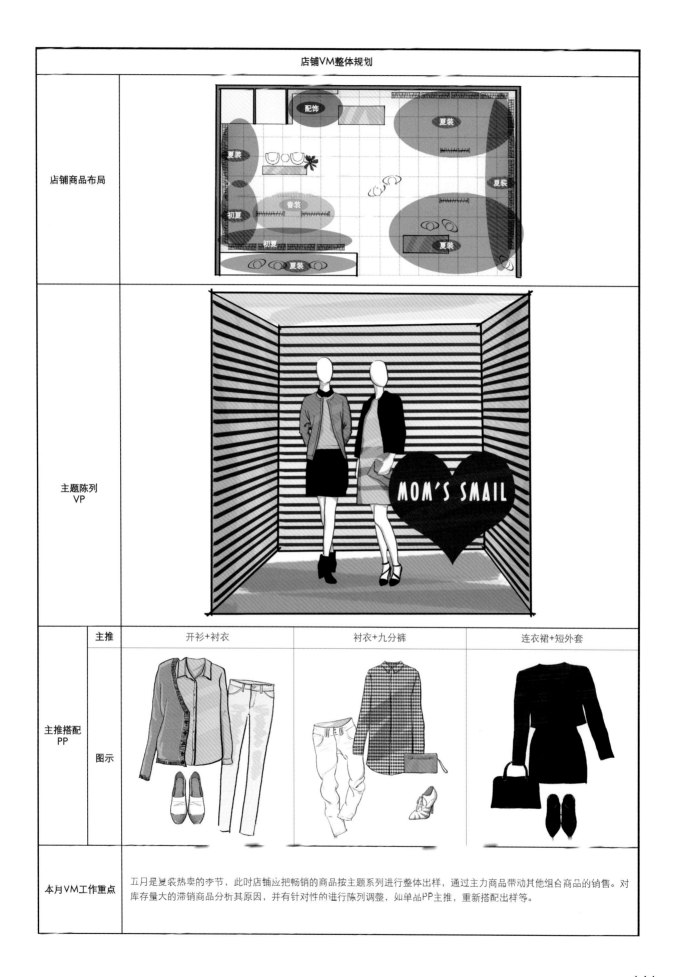

	店铺VM整体规划		
店铺商品布局			
主题陈列 VP			
主推搭配 PP	**主推**	开衫+衬衣	衬衣+九分裤	连衣裙+短外套
	图示			
本月VM工作重点	五月是夏装热卖的季节，此时店铺应把畅销的商品按主题系列进行整体出样，通过主力商品带动其他组合商品的销售。对库存量大的滞销商品分析其原因，并有针对性的进行陈列调整，如单品PP主推，重新搭配出样等。		

六月 VM 计划

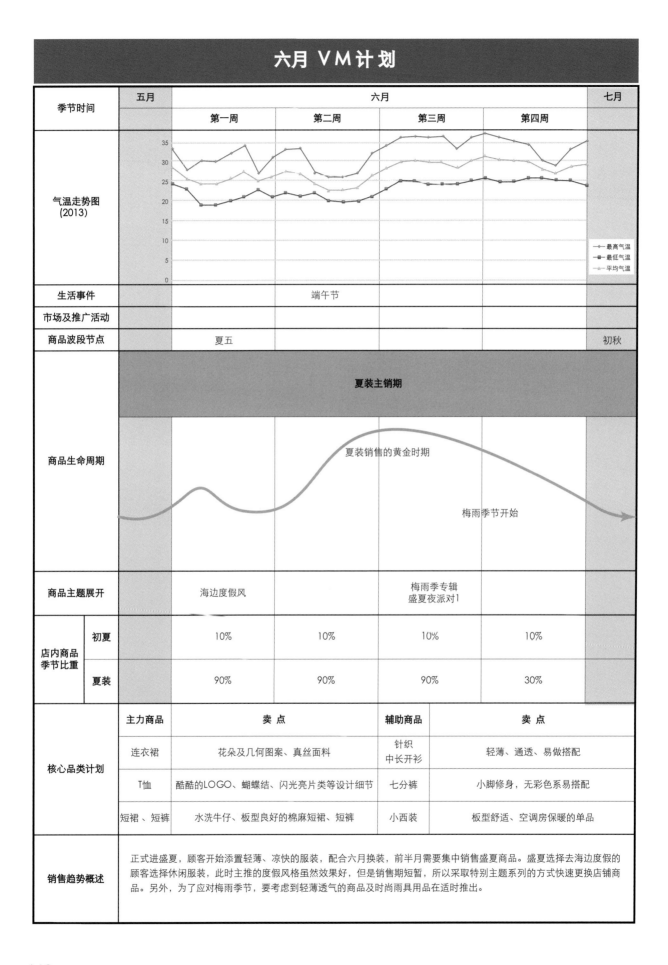

季节时间	五月	六月				七月
		第一周	第二周	第三周	第四周	
气温走势图(2013)						
生活事件			端午节			
市场及推广活动						
商品波段节点		夏五				初秋
商品生命周期				夏装主销期		
商品主题展开		海边度假风		梅雨季专辑 盛夏夜派对1		
店内商品季节比重 初夏		10%	10%	10%	10%	
夏装		90%	90%	90%	30%	

核心品类计划	主力商品	卖点	辅助商品	卖点
	连衣裙	花朵及几何图案、真丝面料	针织中长开衫	轻薄、通透、易做搭配
	T恤	酷酷的LOGO、蝴蝶结、闪光亮片类等设计细节	七分裤	小脚修身，无彩色系易搭配
	短裙、短裤	水洗牛仔、板型良好的棉麻短裙、短裤	小西装	板型舒适、空调房保暖的单品

销售趋势概述：正式进盛夏，顾客开始添置轻薄、凉快的服装，配合六月换装，前半月需要集中销售盛夏商品。盛夏选择去海边度假的顾客选择休闲服装，此时主推的度假风格虽然效果好，但是销售期短暂，所以采取特别主题系列的方式快速更换店铺商品。另外，为了应对梅雨季节，要考虑到轻薄透气的商品及时尚雨具用品在适时推出。

店铺VM整体规划		
店铺商品布局	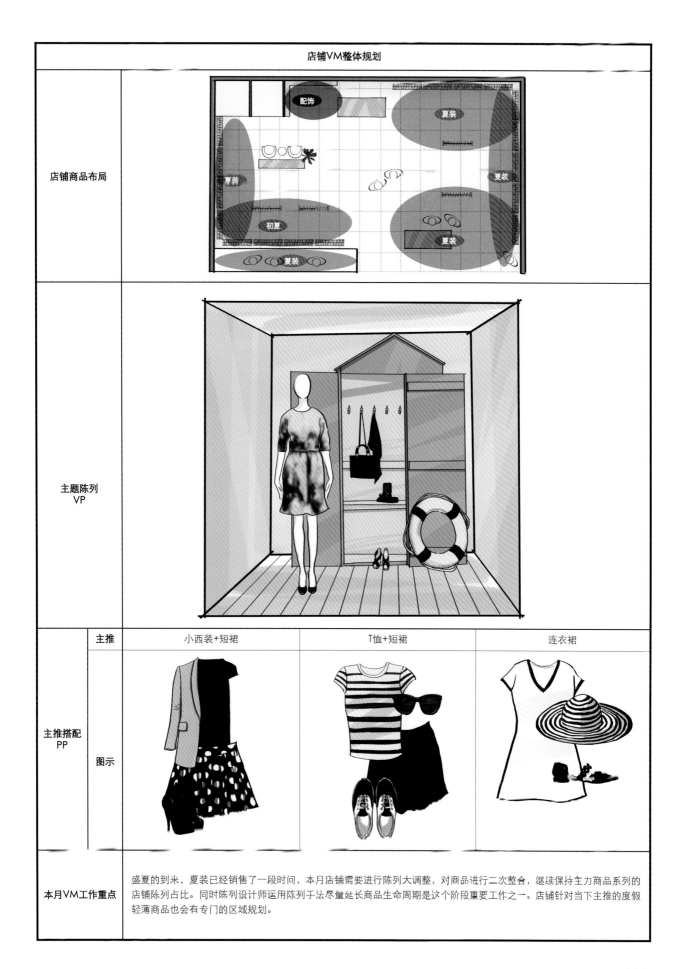	
主题陈列 VP		
主推搭配 PP	主推	小西装+短裙	T恤+短裙	连衣裙
	图示			
本月VM工作重点	盛夏的到来，夏装已经销售了一段时间，本月店铺需要进行陈列大调整，对商品进行二次整合，继续保持主力商品系列的店铺陈列占比。同时陈列设计师运用陈列手法尽量延长商品生命周期是这个阶段重要工作之一。店铺针对当下主推的度假轻薄商品也会有专门的区域规划。		

七月 VM计划

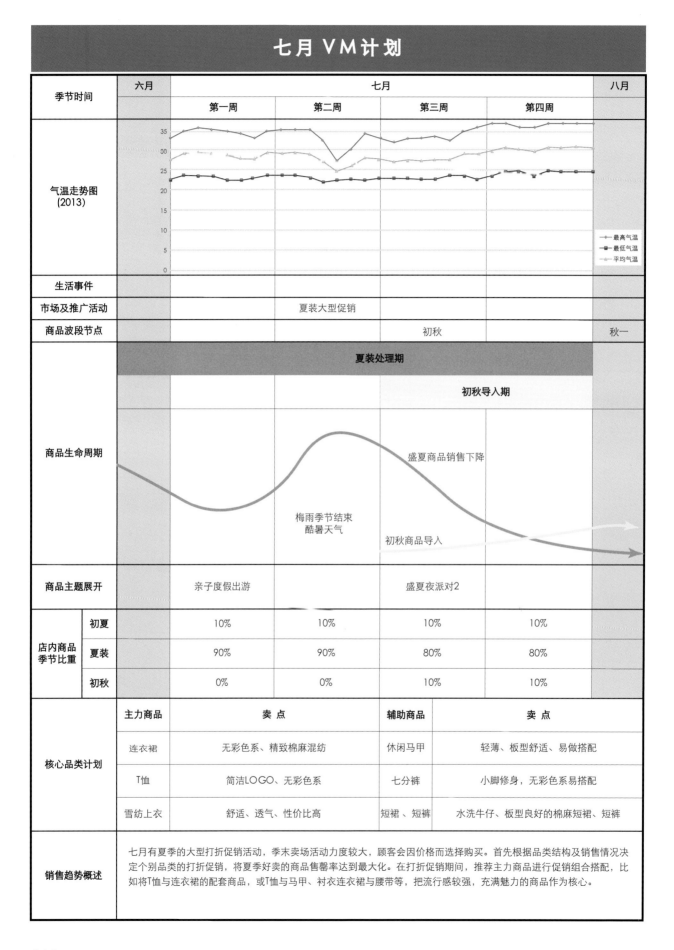

季节时间	六月	七月				八月
		第一周	第二周	第三周	第四周	

气温走势图 (2013)						最高气温 最低气温 平均气温
生活事件						
市场及推广活动		夏装大型促销				
商品波段节点				初秋		秋一

夏装处理期

初秋导入期

商品生命周期	盛夏商品销售下降 梅雨季节结束 酷暑天气 初秋商品导入

商品主题展开		亲子度假出游		盛夏夜派对2		

店内商品季节比重	初夏	10%	10%	10%	10%	
	夏装	90%	90%	80%	80%	
	初秋	0%	0%	10%	10%	

核心品类计划	主力商品	卖 点	辅助商品	卖 点
	连衣裙	无彩色系、精致棉麻混纺	休闲马甲	轻薄、板型舒适、易做搭配
	T恤	简洁LOGO、无彩色系	七分裤	小脚修身，无彩色系易搭配
	雪纺上衣	舒适、透气、性价比高	短裙、短裤	水洗牛仔、板型良好的棉麻短裙、短裤

销售趋势概述	七月有夏季的大型打折促销活动，季末卖场活动力度较大，顾客会因价格而选择购买。首先根据品类结构及销售情况决定个别品类的打折促销，将夏季好卖的商品售罄率达到最大化。在打折促销期间，推荐主力商品进行促销组合搭配，比如将T恤与连衣裙的配套商品，或T恤与马甲、衬衣连衣裙与腰带等，把流行感较强，充满魅力的商品作为核心。

店铺VM整体规划			
店铺商品布局			
主题陈列 VP			
主推搭配 PP	主推	连衣裙	T恤+短裤	雪纺上衣+短裙
	图示			
本月VM工作重点	七月是夏装的大型促销活动，在活动期间，主力系列商品在主题区或销售热区展开，尽量保持搭配完整及尺码齐全。店铺橱窗或VP区应结合POP或海报进行活动说明，如折扣商品大于店铺总SKU数30%，应独立区域陈列。此时初秋的部分商品开始上市，但在店铺不做重点推出，仅占小面积陈列。		

八月 VM计划

季节时间		七月	八月				九月
			第一周	第二周	第三周	第四周	
气温走势图 (2013)		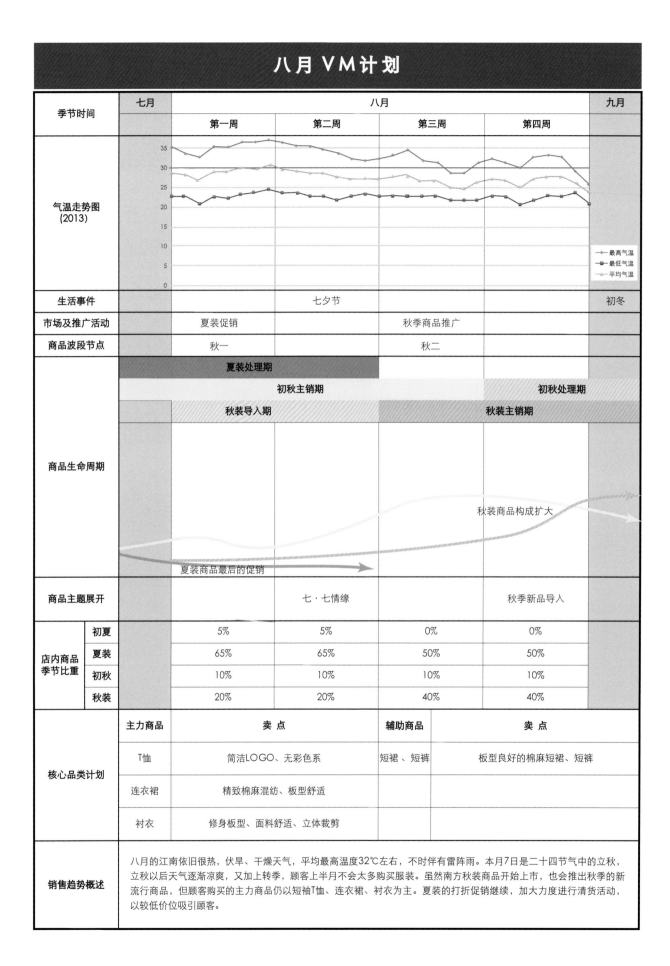					
生活事件				七夕节			初冬
市场及推广活动			夏装促销		秋季商品推广		
商品波段节点			秋一		秋二		
商品生命周期		夏装处理期					
		初秋主销期				初秋处理期	
		秋装导入期			秋装主销期		
		秋装商品构成扩大					
		夏装商品最后的促销					
商品主题展开				七·七情缘		秋季新品导入	
店内商品季节比重	初夏		5%	5%	0%	0%	
	夏装		65%	65%	50%	50%	
	初秋		10%	10%	10%	10%	
	秋装		20%	20%	40%	40%	

核心品类计划	主力商品	卖点	辅助商品	卖点
	T恤	简洁LOGO、无彩色系	短裙、短裤	板型良好的棉麻短裙、短裤
	连衣裙	精致棉麻混纺、板型舒适		
	衬衣	修身板型、面料舒适、立体裁剪		

销售趋势概述	八月的江南依旧很热，伏旱、干燥天气，平均最高温度32℃左右，不时伴有雷阵雨。本月7日是二十四节气中的立秋，立秋以后天气逐渐凉爽，又加上转季，顾客上半月不会太多购买服装。虽然南方秋装商品开始上市，也会推出秋季的新流行商品，但顾客购买的主力商品仍以短袖T恤、连衣裙、衬衣为主。夏装的打折促销继续，加大力度进行清货活动，以较低价位吸引顾客。

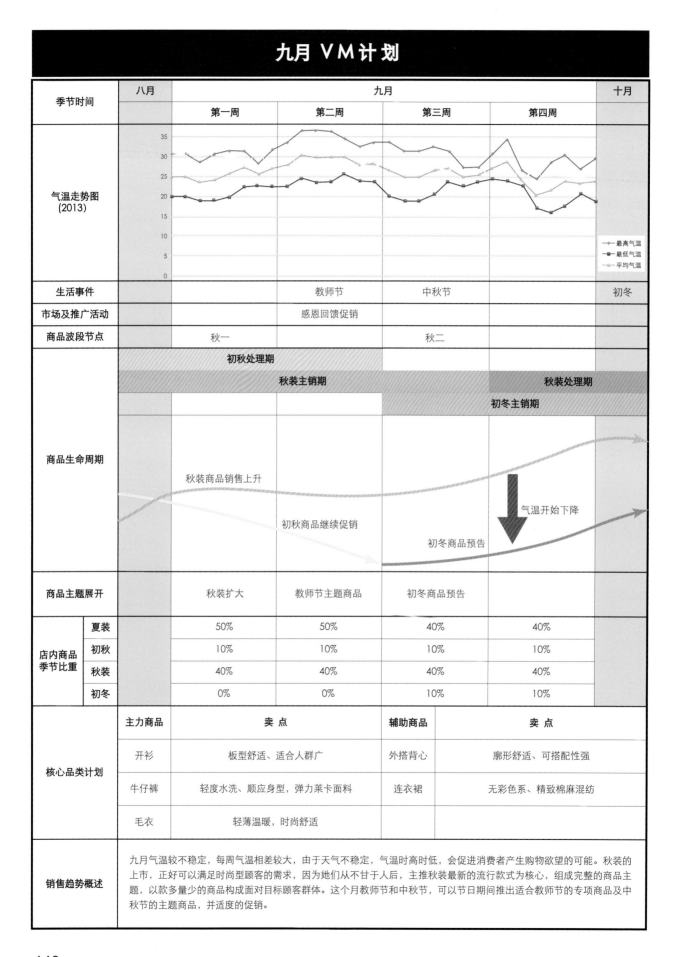

店铺VM整体规划		
店铺商品布局	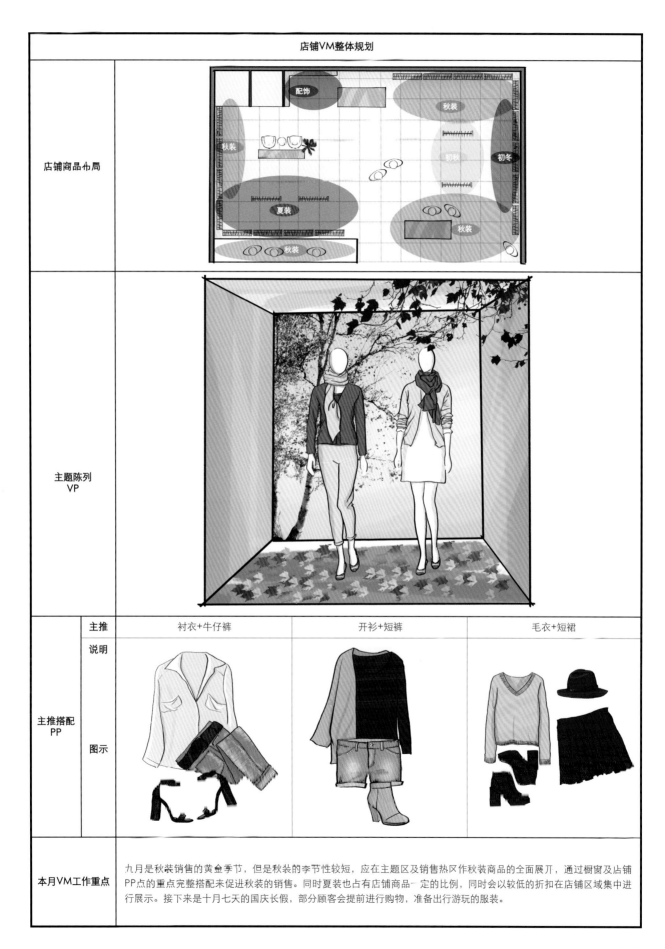	
主题陈列 VP		
主推搭配 PP	**主推**	衬衣+牛仔裤	开衫+短裤	毛衣+短裙
	说明			
	图示			
本月VM工作重点	九月是秋装销售的黄金季节，但是秋装的季节性较短，应在主题区及销售热区作秋装商品的全面展示，通过橱窗及店铺PP点的重点完整搭配来促进秋装的销售。同时夏装也占有店铺商品一定的比例，同时会以较低的折扣在店铺区域集中进行展示。接下来是十月七天的国庆长假，部分顾客会提前进行购物，准备出行游玩的服装。		

十月 VM计划

季节时间	九月	十月				十一月
		第一周	第二周	第三周	第四周	

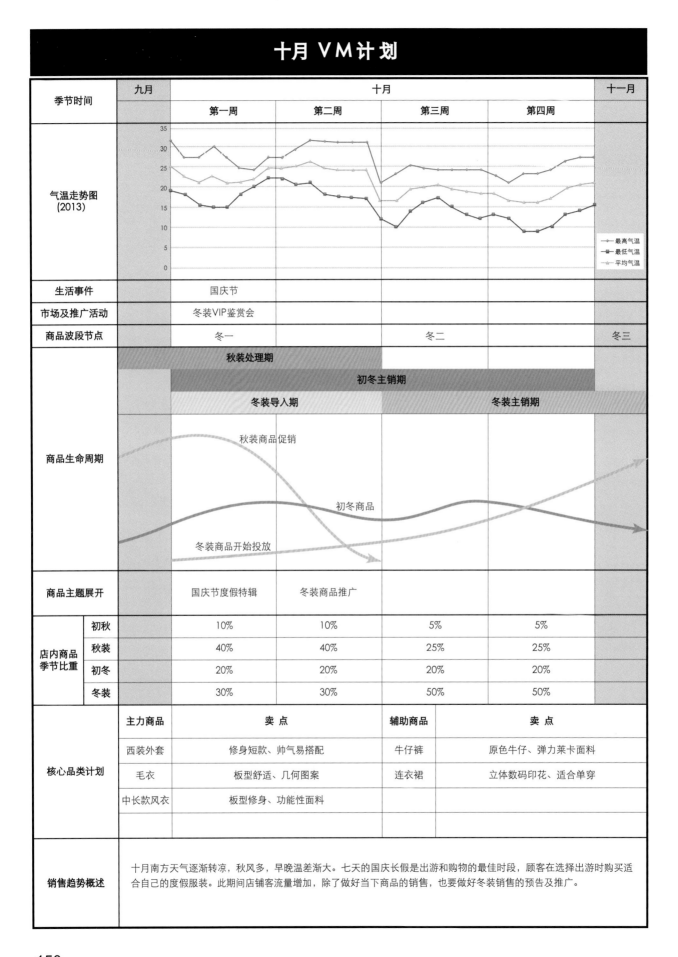

气温走势图(2013)						
生活事件		国庆节				
市场及推广活动		冬装VIP鉴赏会				
商品波段节点		冬一		冬二		冬三

店内商品季节比重

		第一周	第二周	第三周	第四周
	初秋	10%	10%	5%	5%
	秋装	40%	40%	25%	25%
	初冬	20%	20%	20%	20%
	冬装	30%	30%	50%	50%

核心品类计划

主力商品	卖点	辅助商品	卖点
西装外套	修身短款、帅气易搭配	牛仔裤	原色牛仔、弹力莱卡面料
毛衣	板型舒适、几何图案	连衣裙	立体数码印花、适合单穿
中长款风衣	板型修身、功能性面料		

商品主题展开：国庆节度假特辑、冬装商品推广

销售趋势概述：十月南方天气逐渐转凉，秋风多，早晚温差渐大。七天的国庆长假是出游和购物的最佳时段，顾客在选择出游时购买适合自己的度假服装。此期间店铺客流量增加，除了做好当下商品的销售，也要做好冬装销售的预告及推广。

店铺VM整体规划		
店铺商品布局	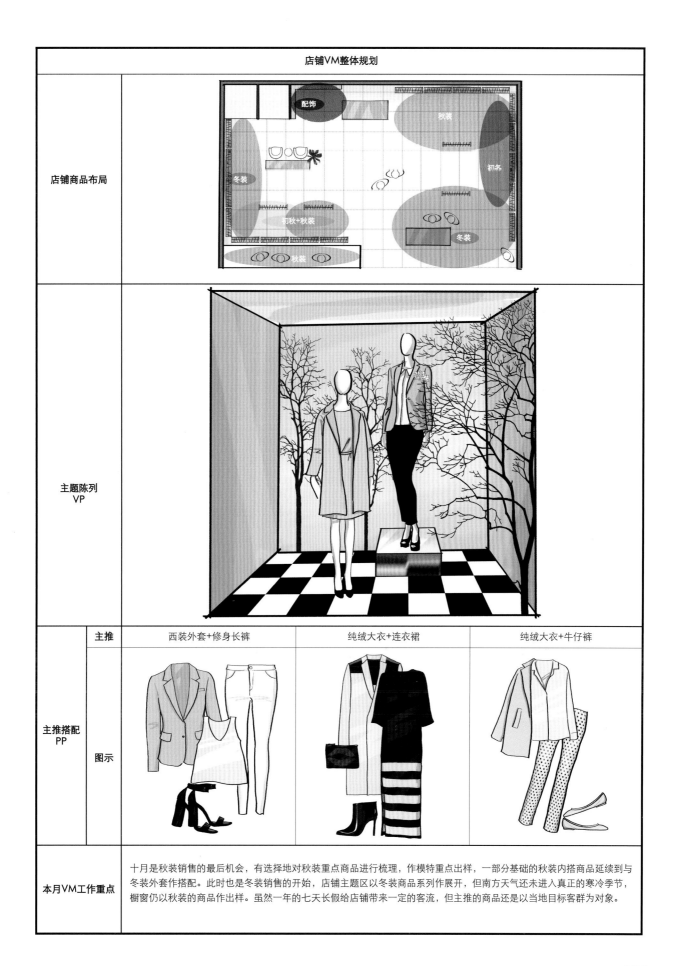	
主题陈列 VP		
主推搭配 PP	**主推**	西装外套+修身长裤	纯绒大衣+连衣裙	纯绒大衣+牛仔裤
	图示			
本月VM工作重点	十月是秋装销售的最后机会，有选择地对秋装重点商品进行梳理，作模特重点出样，一部分基础的秋装内搭商品延续到与冬装外套作搭配。此时也是冬装销售的开始，店铺主题区以冬装商品系列作展开，但南方天气还未进入真正的寒冷季节，橱窗仍以秋装的商品作出样。虽然一年的七天长假给店铺带来一定的客流，但主推的商品还是以当地目标客群为对象。		

十一月 VM 计划

季节时间	十月	十一月				十二月
		第一周	第二周	第三周	第四周	
气温走势图 (2013)		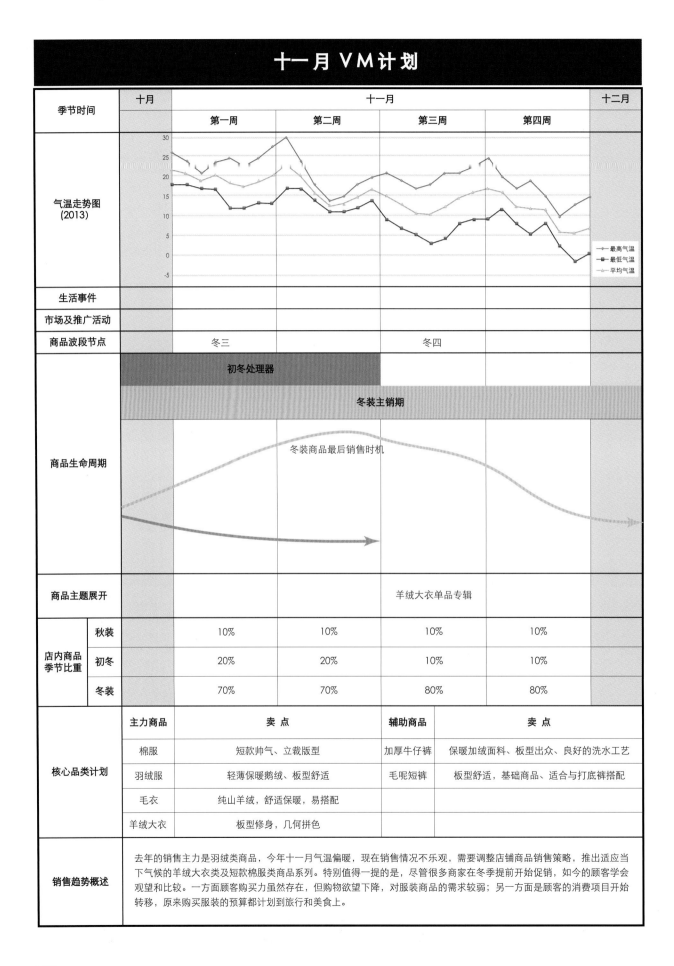				
生活事件						
市场及推广活动						
商品波段节点		冬三		冬四		

商品生命周期	初冬处理器 / 冬装主销期 / 冬装商品最后销售时机
商品主题展开	羊绒大衣单品专辑

店内商品 季节比重		第一周	第二周	第三周	第四周
	秋装	10%	10%	10%	10%
	初冬	20%	20%	10%	10%
	冬装	70%	70%	80%	80%

核心品类计划	主力商品	卖 点	辅助商品	卖 点
	棉服	短款帅气、立裁版型	加厚牛仔裤	保暖加绒面料、板型出众、良好的洗水工艺
	羽绒服	轻薄保暖鹅绒、板型舒适	毛呢短裤	板型舒适，基础商品、适合与打底裤搭配
	毛衣	纯山羊绒，舒适保暖，易搭配		
	羊绒大衣	板型修身，几何拼色		

销售趋势概述	去年的销售主力是羽绒类商品，今年十一月气温偏暖，现在销售情况不乐观，需要调整店铺商品销售策略，推出适应当下气候的羊绒大衣类及短款棉服类商品系列。特别值得一提的是，尽管很多商家在冬季提前开始促销，如今的顾客学会观望和比较。一方面顾客购买力虽然存在，但购物欲望下降，对服装商品的需求较弱；另一方面是顾客的消费项目开始转移，原来购买服装的预算都计划到旅行和美食上。

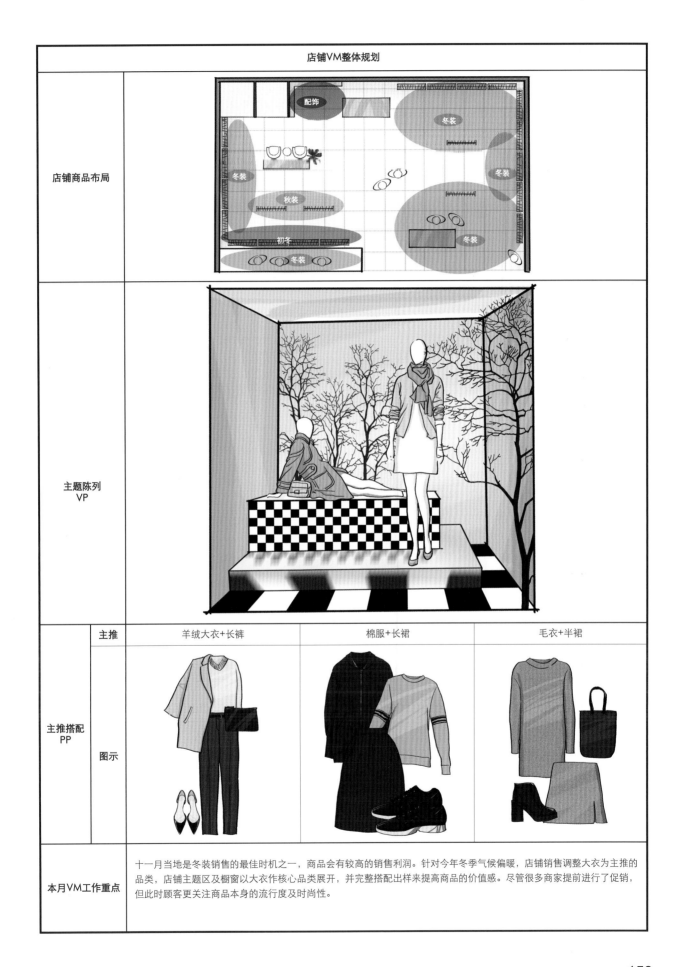

店铺VM整体规划				
店铺商品布局				
主题陈列 VP				
主推搭配 PP	主推	羊绒大衣+长裤	棉服+长裙	毛衣+半裙
	图示			
本月VM工作重点	十一月当地是冬装销售的最佳时机之一，商品会有较高的销售利润。针对今年冬季气候偏暖，店铺销售调整大衣为主推的品类，店铺主题区及橱窗以大衣作核心品类展开，并完整搭配出样来提高商品的价值感。尽管很多商家提前进行了促销，但此时顾客更关注商品本身的流行度及时尚性。			

十二月 VM计划

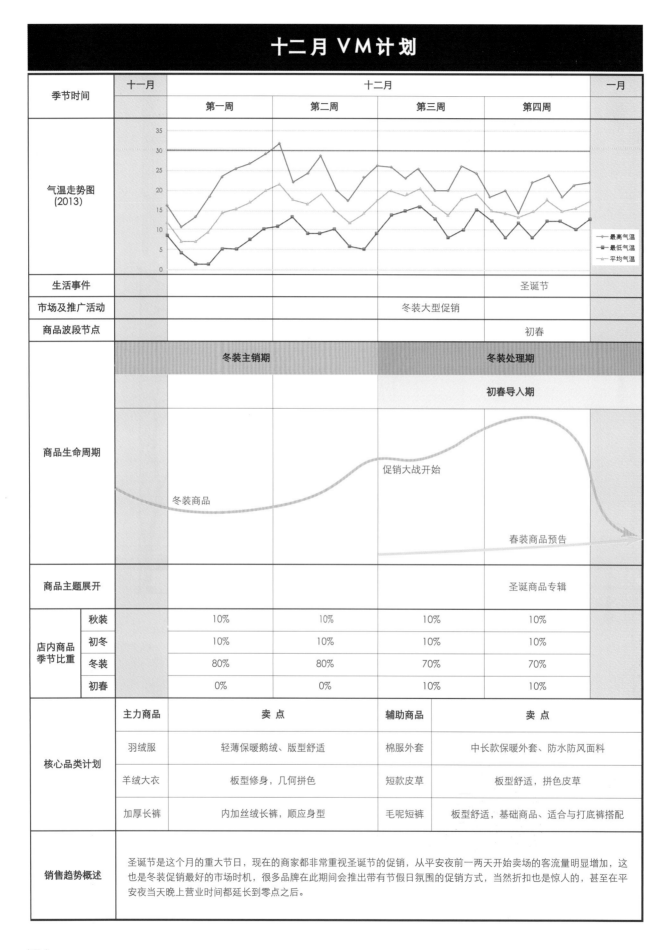

季节时间		十一月	十二月				一月
			第一周	第二周	第三周	第四周	
气温走势图 (2013)							最高气温 最低气温 平均气温
生活事件						圣诞节	
市场及推广活动				冬装大型促销			
商品波段节点						初春	
商品生命周期			冬装主销期		冬装处理期		
					初春导入期		
			冬装商品	促销大战开始	春装商品预告		
商品主题展开						圣诞商品专辑	
店内商品 季节比重	秋装		10%	10%	10%	10%	
	初冬		10%	10%	10%	10%	
	冬装		80%	80%	70%	70%	
	初春		0%	0%	10%	10%	

核心品类计划	主力商品	卖 点	辅助商品	卖 点
	羽绒服	轻薄保暖鹅绒、版型舒适	棉服外套	中长款保暖外套、防水防风面料
	羊绒大衣	板型修身，几何拼色	短款皮草	板型舒适，拼色皮草
	加厚长裤	内加丝绒长裤，顺应身型	毛呢短裤	板型舒适，基础商品、适合与打底裤搭配

销售趋势概述	圣诞节是这个月的重大节日，现在的商家都非常重视圣诞节的促销，从平安夜前一两天开始卖场的客流量明显增加，这也是冬装促销最好的市场时机，很多品牌在此期间会推出带有节假日氛围的促销方式，当然折扣也是惊人的，甚至在平安夜当天晚上营业时间都延长到零点之后。

店铺VM整体规划			
店铺商品布局			
主题陈列 VP			
主推搭配 PP	主推	加棉外套+长裤	长款外套+牛仔裤	棉服外套+半裙
	图示			
本月VM工作重点	十二月份的圣诞促销大战，多样化客流会明显增加，店铺做圣诞整体氛围的布置来吸引客流是这个月陈列设计师最重要的工作之一。除此应花更多时间在作商品陈列调整上面来，特别是对当季主推商品、销售主力商品、重点促销商品、高货值商品在店铺不同PP点进行合理规划。		

本书使用了大量优秀品牌店铺的图片，在此深表感谢：

（按英文字母顺序排列，不分先后）

1.Adidas
2.Apostrophe
3.Benetton
4.Blugirl
5.Burberry
6.Calla
7.Chanel
8.Church's
9.Coach
10.Desigual
11.Dolce&Gabbana
12.Ermenegildo Zegna
13.Erdos
14.Epoca
15.Gap
16.Giorgio Armani
17.Givenchy
18.H&M
19.Hugo Boss
20.John Lewis
21.Juge
22.Karl Lagerfeld
23.Kenzo
24.Lanvin

25.Le Chateau
26.Louis Vuitton
27.Limited
28.Maje
29.Marc Jacobs
30.Maxmara
31.Miu Miu
32.Moschino
33.Nina Ricci
34.Nudie Jeans
35.Patrizia pepe
36.Paule ka
37.Pucci
38.Pinko
39.Ralph Lauren
40.Stefano Ricci
41.Tara Jarmon
42.Tommy Hilfiger
43.Tod's
44.Topshop
45.Uniqlo
46.Valentino
47.Victoria 's Secret
48.Zara
49.23区

（如未提到的品牌或有错误，请告知作者本人，对此深表歉意）。

156